新编21世纪高等职业教育精品教材

婴幼儿托育服务与管理系列

婴幼儿 托育基础与实务

主　编／董威辰　刘　强

中国人民大学出版社
·北京·

图书在版编目（CIP）数据

婴幼儿托育基础与实务 / 董威辰，刘强主编. -- 北京 : 中国人民大学出版社，2023.9
新编21世纪高等职业教育精品教材 . 婴幼儿托育服务与管理系列
ISBN 978-7-300-32088-5

Ⅰ.①婴… Ⅱ.①董… ②刘… Ⅲ.①婴幼儿－哺育－高等职业教育－教材 Ⅳ.①TS976.31

中国国家版本馆CIP数据核字（2023）第149934号

新编21世纪高等职业教育精品教材·婴幼儿托育服务与管理系列
婴幼儿托育基础与实务
主 编 董威辰 刘 强
Yingyou'er Tuoyu Jichu yu Shiwu

出版发行	中国人民大学出版社		
社　　址	北京中关村大街31号	**邮政编码**	100080
电　　话	010－62511242（总编室）		010－62511770（质管部）
	010－82501766（邮购部）		010－62514148（门市部）
	010－62515195（发行公司）		010－62515275（盗版举报）
网　　址	http://www.crup.com.cn		
经　　销	新华书店		
印　　刷	北京昌联印刷有限公司		
开　　本	787 mm×1092 mm　1/16	**版　　次**	2023年9月第1版
印　　张	13.75	**印　　次**	2023年9月第1次印刷
字　　数	262 000	**定　　价**	39.00元

编　委　会

主　编： 董威辰　刘　强

副主编： 王　瑛　孙雅婷　翁治清　郝文星　许雪儿　杜丽静　严　新　何　玲

参　编： 刘　晨　王　煜　沈玉叶　杨　柳　肖苏慧　马　菁　王　慧　杨　印　李青颖　刘　玮　杨　勇　孙云霞　邹　莹　朱莹莹　李沁瑜

前　言

3 岁以下婴幼儿（以下简称婴幼儿）照护服务是生命全周期服务管理的重要内容，事关婴幼儿健康成长。为促进婴幼儿照护服务发展，2019 年 4 月 17 日，《国务院办公厅关于促进 3 岁以下婴幼儿照护服务发展的指导意见》明确了促进婴幼儿照护服务发展的基本原则、发展目标、主要任务和保障措施，这预示着我国婴幼儿照护事业迎来了新的发展机遇。为满足托育服务专业化发展需求，提升托育行业整体水平，将婴幼儿照护的相关理论引领与托育实践指导相互结合，我们编写了《婴幼儿托育基础与实务》这部教材。

本教材在编写过程中秉着科学性、理论性、实践性的原则，依据《国务院办公厅关于促进 3 岁以下婴幼儿照护服务发展的指导意见》《托育机构设置标准（试行）》《托育机构管理规范（试行）》《托育机构登记和备案办法（试行）》《托育机构保育指导大纲（试行）》等文件政策，参考国内外丰富的托育服务经验，系统地构建了婴幼儿托育理论与实务的内容框架。

本教材立足于婴幼儿托育的职业特点，结合全国职业院校技能大赛的赛项思路，以高职院校学生的学习特点及规律为出发点，以“职业导向、能力为本”为理念，注重逻辑性，有序介绍了婴幼儿托育概况、婴幼儿健康发展、婴幼儿常见疾病照护、婴幼儿照护、婴幼儿安全防护、婴幼儿活动设计、托育机构环境创设、托育机构管理、家社园共育九个部分的内容。内容的编排有助于学生进行横向学习与纵向延伸，引导学生进行思考，理解托育相关内容，强化学生的职业素养，掌握婴幼儿照护服务的详细内容，提升学生将来的职业能力。本教材的每一章，章前有“学习目标”和“案例导入”，使学生在学习之前了解本章内容要达到的目标，并能够根据案例过渡到本章的内容中，提高理论联系实际的能力；章后有“本章小结”和“同步练习”，帮助学生了解本章所学内容及巩固复习。

本教材由盐城工业职业技术学院、盐城师范学院、中国儿童中心教师团队合作编写完成，盐城工业职业技术学院董威辰博士与盐城师范学院刘强教授主编，董威辰、郝文星统稿。本教材内容涉及面较广，编者的学识与能力有限，难免有不足之处，敬请读者在使用中批评指正，以便修订完善。

本教材在编写过程中参考、借鉴了许多国内外的研究成果及其他同类教材，在此表示衷心感谢。

编者

目　录

第一章　绪论

学习目标

知识目标

1. 理解托育的相关概念、意义、内容、原则等。
2. 了解托育人员构成，熟悉托育的职业道德和专业素养。
3. 了解托育发展历史和未来趋势。

能力目标

1. 在实践中能够遵循托育的相关原则。
2. 具备良好的托育职业道德和专业素养。

素养目标

1. 通过学习托育相关知识，树立婴幼儿为本的儿童观和保育观。
2. 通过学习托育职业道德，遵循托育职业道德要求。
3. 通过学习托育发展历史，了解国家规范普及托育的重要性。

案例导入

自我认同角的魔力

路易斯是美国一家托育园1～2岁学步儿班级的保育老师。最近他在学步儿班里添加了自我认同角，并在里面安置了一面全身镜，以及几面可以用手拿而不会被打破的小镜子。墙上贴满了班里每个孩子的个人照和家庭合照，经常带孩子们进去参观欣赏。路易斯每次举办集体活动前，都会将孩子们聚集在一起，带着他们齐声唱歌，他耐心地唱出每个孩子的名字。在路易斯的引导下，孩子们虽然唱得不多，但听到自己名字的时候都笑容满面。

资料来源：卡罗尔·格斯特维奇．发展适宜性实践：早期教育课程与发展［M］．3版．霍力岩，等译．北京：教育科学出版社，2011.

问题：请你评析一下路易斯的行为。

第一节　托育概述

一、托育的相关概念

“托育”的词义解释为托付别人代为养育照顾，一般是指0～3岁婴幼儿的父母或其他法定监护人无法自主照料孩子时，委托他人或机构代为养育照顾的活动。近年来，随着我国陆续推行实施“全面二孩”政策和三孩政策，在“幼有所育”“幼有善育”的高呼声下，我国婴幼儿家庭由于时间资源和人力资源双重紧张的压力，对托育的需求越来越高，正逐渐开始向社会专门机构或组织购买补充性的婴幼儿照护服务。因此，“托育服务”“托育机构”成为托育领域的关注焦点。

（一）托育服务

“托育服务”的概念最早由西方国家提出，目前尚未有明确的界定。世界不同组织、学者有不同的界定，主要有以下几个：

联合国将托育服务定义为儿童在家庭以外所接受的组织化照顾，以补充父母亲角色在家庭中照顾功能的不足。在全美儿童福利联盟的定义中，托育服务的目的是辅助家庭照顾、监督卫生，为儿童提供福利性质的服务，满足儿童全面发展的需求。

学者冯燕认为，托育服务就是专门为支持家庭系统中照顾儿童功能而设置的正式支持系统，是儿童福利服务重要的一环，可补充家庭内照顾功能的不足，其重点在于确保儿童健康成长及满足儿童成长发展的需要。学者叶郁菁认为，托育服务就是儿童在家庭以外所接受的团体生活或机构生活的教育与照顾。

基于此，可以从服务的组织者、群体、内容、效果等方面理解托育服务。从服务组织者看，主要是托育机构或团体担此角色；从服务群体看，托育服务面向婴幼儿及其家庭；从服务内容看，托育服务为婴幼儿提供生活照料和发展支持的同时，为家长提供养育指导；从服务效果看，一方面托育服务有利于婴幼儿的身心健康发展和家庭有序运转，另一方面托育服务更是联结教育、卫生、医疗、社会福利与保障的重要桥梁。因此，本书认为：托育服务是指无法自主照料婴幼儿的家庭以购买社会服务的方式委托相关机构或组织，获得婴幼儿的保育照护兼有发展支持的补充性服务。

（二）托育机构

托育机构是指集中为婴幼儿提供托育服务场所的组织，承担为婴幼儿提供保育照护和发展支持、为婴幼儿家庭提供育儿支持的主要职能。在上海市人民政府印发《关于促进和加强本市 3 岁以下幼儿托育服务工作的指导意见》的通知中提到，“托育机构是指在本市行政区域内，由社会组织、企业、事业单位或个人举办，面向 3 岁以下幼儿，尤其是 2～3 岁幼儿实施保育为主、教养融合的幼儿照护的全日制、半日制或计时制机构”。

托育机构种类颇多，一般从机构主体性质、婴幼儿受托时间、提供服务的环境对托育机构进行系统分类。以机构主体性质为依据，主要包括事业单位性质的托育机构、社会服务性质的托育机构、营利性托育机构等；以婴幼儿受托时间为依据，主要包括半日托、全日托、临时托、计时托等；以提供服务的环境为依据，主要包括家庭式托育、机构式托育、社区托育等。在我国托育行业中，托育机构可进一步细分为企事业单位配套托育、幼儿园托幼一体、社区统筹托育机构、营利性托育机构、普惠性托育机构。其中，企事业单位配套托育是指企事业单位在单位内部设立托育机构，为员工提供福利性托育服务；幼儿园托幼一体是指托儿所和幼儿园同设一处的托育机构；社区统筹托育机构是指社区统筹规划并开设的托育机构，为小区业主提供婴幼儿托育服务；营利性托育机构是指社会开办的民营托育机构，由创办者自主运营管理；普惠性托育机构是指按照本地政府要求托育收费定价的非营利性托育机构，地方政府予以机构补贴，收费相对较低。因此，托育机构是提供托育服务的机构的总称，包括早教中心、托婴中心、托儿所、托幼一体的幼儿园等，并非单指一个或一种机构。从目前我国托育机构的种类情况来看，家庭式托育所占比例小，以机构式托育为主。

二、托育的意义

托育是关系个人成长与国家建设的重要事业，对婴幼儿全面发展、家庭和睦、社会稳定和国家建设发展具有至关重要的价值。

（一）托育对个体发展的意义

1. 促进生长发育，提高身体素质

托育根据婴幼儿的身心发展规律和生理节律，关注婴幼儿身体素质的提高，合理安排

和组织一日生活，有效衔接喂奶、饮水、进餐、换尿布、如厕、盥洗、睡眠、活动等各个环节，科学组织形式多样的活动，在潜移默化中培养婴幼儿生活自理技能和生活卫生习惯，如指导婴幼儿在餐前餐后用七步洗手法洗手、指导婴幼儿用规范程序盥洗、指导鼓励托大班婴幼儿穿脱衣服等，不断增强婴幼儿对疾病的抵抗能力和对周边环境变化的适应能力等，帮助婴幼儿增强体质，健康快乐成长。

2. 开发大脑潜能，促进认知发展

托育在开发婴幼儿大脑潜能和发展婴幼儿认知能力方面起着重要的奠基作用。美国心理学家布卢姆提出，“如果一个人 17 岁智力发展达到的水平算作 100%，那么 4 岁时就达到了 50%。4～8 岁又增加了 30%，8～17 岁又获得了 20%”。意大利著名教育家蒙台梭利指出，0～3 岁是婴幼儿思维发展迅速的时期，3 岁前婴幼儿感知、记忆都十分敏感，该时期教育环境对婴幼儿未来的发展起着至关重要的作用。① 可见，婴幼儿期是一个人智力发展最为迅速的时期，同时也是大脑开发、认知发展的关键期，在这一时期对婴幼儿施予适宜的教育，给予动作、语言、形状知觉等多方面的发展性支持，为充分挖掘婴幼儿的认知发展潜能创造现实条件，能达到事半功倍的效果，为个体的认知发展和终身学习筑牢坚实基础。

3. 发展个性，促进人格的健康发展

托育为婴幼儿个性的养成和人格品质的健康发展创造良好的环境，在正确认识和尊重婴幼儿个性差异的基础上，依据婴幼儿的气质类型和个性特点因材施教，在一日生活中安排充足的自由活动时间，让婴幼儿选择感兴趣的玩具图书自主探究，鼓励婴幼儿做一些力所能及的“小任务”感受自己的能力，积极与婴幼儿进行语言、表情或肢体语言交流，及时回应婴幼儿主动发起的互动，建立良性的师幼互动关系，最大限度地尊重和保护不同婴幼儿的个性差异，促进婴幼儿自信、友爱、活泼、礼貌等良好人格品质的养成。同时，让婴幼儿在托育环境的良性互动中形成对人、事、物的基本态度，习得基础的生活自理技能，有利于婴幼儿个体社会性的发展。

4. 培育美感，促进想象力、创造性的发展

由于婴幼儿的思维特点具有典型的直观行动性，处于视觉、听觉、味觉、嗅觉、触觉等感觉发展的敏感期，对周围一切陌生的事物充满好奇，会调动身上的感官去探索陌生事物的奥秘，如婴幼儿手里拿到一个小球，会在手上把玩一会儿，用眼睛看球的形状、颜色，用嘴接触球去感知球的质地，用鼻子闻球的味道。婴幼儿偏爱形象直观、色彩鲜艳亮

---

① 玛丽亚·蒙台梭利．儿童之家：蒙台梭利托育教育方法与训练指南［M］．天津：天津社会科学院出版社，2007.

丽的玩具书籍，喜欢用形象、声音、色彩、身体动作等方式来思考和表达。基于上述特点，托育机构可以通过创设符合婴幼儿发展特点的环境、投放婴幼儿感兴趣的玩具书籍、开展形式内容丰富的活动，在潜移默化下以美熏陶、感染婴幼儿，满足其爱美的天性，培养其美感和审美情趣，激发婴幼儿表现美、创造美的欲望，发展他们艺术的想象力和创造力。

（二）托育对家庭和社会的意义

1. 托育对家庭发展的意义

将婴幼儿送至托育机构享受托育服务，能够为婴幼儿家庭成员参加工作和学习提供便利。不仅可以保证家庭成员获得参与社会生产建设的机会，让家庭成员安心地去参加工作劳动，获得充足的时间参加培训进修、践行终身学习的理念，而且可以帮助家庭成员平衡工作与生活的矛盾，提升家庭的生活质量，有助于婴幼儿家庭的幸福和谐。同时，在家托合作中，托育机构通过讲座、家长会、科普资料推送等形式向家长传播科学育儿知识和方法，根据家长需求提供个别化的咨询服务，为婴幼儿家庭提供针对性的育儿指导，能够提升家庭的文明程度和教育水平。

2. 托育对社会发展的意义

我国目前已经步入人口出生率低的老龄化社会，作为家庭教育重要补充的托育，关系着国家与家庭的未来。高质量的婴幼儿托育，有利于促进教育公平、提高国民整体素质、消除代际贫困传播，不仅是发展民生的重要手段，更是扭转生育率持续下降趋势、确保人口均衡增长的重要举措，承载着促进社会公平、维护社会稳定和谐的重要使命。

三、托育的原则、内容及特点

保育照护是托育中的核心组成部分。通过创设适宜环境，合理安排一日生活和活动，提供生活照料、安全看护、平衡膳食和早期学习机会，可以促进婴幼儿身体和心理的全面发展。因此，托育的原则、内容、特点应紧紧围绕保育照护这一核心环节来展开。

（一）托育的原则

国家卫生健康委在2021年1月颁布出台的《托育机构保育指导大纲（试行）》中明确规定，托育机构保育应遵循尊重儿童、安全健康、积极回应、科学规范的基本原则。具体阐释如下：

（1）尊重儿童。坚持儿童优先，保障儿童权利。尊重婴幼儿成长特点和规律，关注个体差异，促进每个婴幼儿全面发展。

（2）安全健康。最大限度地保护婴幼儿的安全和健康，切实做好托育机构的安全防护、营养膳食、疾病防控等工作。

（3）积极回应。提供支持性环境，敏感观察婴幼儿，理解其生理和心理需求，并及时给予积极适宜的回应。

（4）科学规范。按照国家和地方相关标准和规范，合理安排婴幼儿的生活和活动，满足婴幼儿生长发育的需要。

（二）托育的内容

（1）依据婴幼儿的生理节律科学合理安排婴幼儿的生活，做好饮食、饮水、喂奶、如厕、盥洗、清洁、睡眠、穿脱衣服、游戏活动等服务，保证婴幼儿作息的规律性。

（2）注重餐前餐后卫生，顺应喂养，科学制定食谱，保证婴幼儿膳食平衡，根据婴幼儿的月龄特点培养自主进餐的习惯和能力。

（3）保证婴幼儿每日户外活动不少于 2 小时，依据寒冷、炎热季节或特殊天气情况适当调整。

（4）根据婴幼儿的年龄特点，组织形式内容多样的活动，以游戏为主要活动形式，促进婴幼儿在身体发育、动作、语言、认知、情感与社会性等方面的全面发展。

（5）游戏活动重视婴幼儿的情感变化，注重与婴幼儿面对面、一对一的交流互动，动静交替，合理搭配多种游戏类型。

（6）提供适宜的刺激，以丰富婴幼儿的直接经验，如玩具、材料、图书等；支持婴幼儿主动探索、操作体验、互动交流和表达表现，发挥婴幼儿的自主性，保护婴幼儿的好奇心。

（7）建立照护服务日常记录和反馈制度，定期与婴幼儿监护人沟通婴幼儿发展情况，搭建家托合作的互动机制。

（三）托育的特点

1. 启蒙性

托育的实质是启蒙教育。0～3 岁是人出生后快速发展的关键期，婴幼儿在身体、情感、社会和智力各方面的发展都处于起始阶段。托育机构的启蒙教育主要体现在为婴幼儿提供主动探索的环境，给予其多元、适宜的刺激，同时在一日生活中引导婴幼儿习得基本的生活自理技能和行为习惯，有利于开启婴幼儿全面发展的良好开端，为未来奠定坚实基础。

2. 生活化

托育带有浓厚的生活化特征，主要体现在教育生活化。教育生活化是指设计、组织、实施教育时，把教育与婴幼儿的日常生活、感性经验联系起来。因为教育的场景、内容与婴幼儿所接触的生活环境相似，婴幼儿在熟悉的场景中易于获得学习机会，激发主动探索学习的热情。因此，在托育服务中，将富有教育意义的生活内容纳入托育活动，将教育贯穿于托育一日生活的全过程。

3. 游戏性

托育活动以游戏为主要形式，游戏居于托育活动至为关键的位置。游戏符合婴幼儿的年龄特征，满足婴幼儿的爱玩天性，遵循婴幼儿身心发展的规律。游戏贯穿托育的全过程，婴幼儿置身于游戏中，通过与他人交往、与环境互动，获得身体发育、动作、语言、认知、情感与社会性等的全面发展。

4. 科学性

托育的科学性体现在机构性质、课程设置、师资队伍等方面。托育机构是专门为婴幼儿提供托育服务的重要场所，是为婴幼儿提供保育照护和发展支持、为家庭提供育儿支持的专业机构，其在一日生活安排中可遵循婴幼儿的身心发展规律，依据不同月龄婴幼儿特点开展活动。另外，托育人员具有从业资格，受过专业培训，具备基本的职业道德和专业素养，可为科学的托育服务提供重要保障。

5. 潜在性

托育的教养活动蕴藏在环境创设、生活照料、游戏活动中，保育人员对婴幼儿的教育意图也蕴含在环境创设、玩具图书材料的投放、保育教养行为中。因此，托育的教养作用贯穿保育照护的全过程，对婴幼儿的影响无处不在，婴幼儿可以在托育的教养环境中耳濡目染，不断成长发展。

第二节 托育人员

一、托育人员概述

托育人员是指专门为婴幼儿提供保育照护、养育支持、安全保障等补充性服务的托育行业从业人员，一般指托育机构的从业者，包括管理负责人、保育人员、保健人员、保安人员等。国家卫生健康委 2019 年 10 月颁布的《托育机构设置标准（试行）》规定，“托育机构应当根据场地条件，合理确定收托婴幼儿规模，并配置综合管理、保育照护、卫生保健、安全保卫等工作人员”。并且明确了托育机构工作人员的从业资格和工作职责。具体阐释如下：

（1）托育机构负责人负责全面工作，应当具有大专以上学历、有从事儿童保育照护、卫生健康等相关管理工作 3 年以上的经历，且经托育机构负责人岗位培训合格。

（2）保育人员主要负责婴幼儿日常生活照料，安排游戏活动，促进婴幼儿身心健康，养成良好行为习惯。保育人员应当具有婴幼儿照护经验或相关专业背景，受过婴幼儿保育相关培训和心理健康知识培训。

（3）保健人员应当经过妇幼保健机构组织的卫生保健专业知识培训合格。

（4）保安人员应当取得公安机关颁发的“保安员证”，并由获得公安机关“保安服务许可证”的保安公司派驻。

二、托育人员职业道德

职业道德的概念有广义和狭义之分。广义的职业道德是指从业人员在职业活动中应该遵循的行为准则，涵盖了从业人员与服务对象、职业与职工、职业与职业之间的关系。狭义的职业道德是指在一定职业活动中应遵循的、体现一定职业特征的、调整一定职业关系的职业行为准则和规范。因此，托育人员职业道德指的是托育从业人员在托育活动中应该遵循的行为准则，主要包括爱国守法、爱岗敬业、关爱婴幼儿、为人师表、保育育人、尊重家长、终身学习。

（一）爱国守法

忠于祖国，忠于人民，拥护中国共产党的领导，拥护社会主义。坚持以习近平新时代中国特色社会主义思想为指导，全面贯彻党的教育方针，恪守宪法原则，遵守法律法规，依法履行教师职责。不得在保教活动中及其他场合有损害党中央权威和违背党的路线方针政策的言行；不得损害国家利益、社会公共利益，或违背社会公序良俗。托育人员应当坚定正确的政治方向，知法、懂法、守法，用法律来约束自己，不能明知故犯，视法律为无物。

（二）爱岗敬业

忠于托育事业，志存高远，勤恳敬业，乐于奉献。对托育工作高度负责，对待婴幼儿、同事、家长细致耐心。不在工作期间玩忽职守、消极怠工，或空岗、未经批准找人替班，不得利用职务之便兼职兼薪。托育人员对待托育工作要认真负责，不敷衍塞责，具有奉献精神。

（三）关爱婴幼儿

关心爱护全体婴幼儿，尊重婴幼儿权益，平等公正对待。增强安全意识，加强安全教育，保护婴幼儿安全，防范事故风险。呵护婴幼儿健康，保障快乐成长。不得体罚和变相体罚婴幼儿，不得歧视、侮辱婴幼儿，严禁猥亵、虐待、伤害婴幼儿。托育人员要遵循婴幼儿优先的保育原则，树立婴幼儿为本的保育理念，关爱每一个婴幼儿，关爱婴幼儿的生命安全和身心健康。

（四）为人师表

秉持公平诚信，坚持原则，处事公道，光明磊落，为人正直。关心集体，团结协作，尊重同事，尊重家长。坚守廉洁自律，严于律己，清廉从教，作风正派。衣着得体，言行规范，举止文明，装扮符合托育人员形象，不穿奇装异服，不浓妆艳抹。带头践行社会主义核心价值观，弘扬真善美，传递正能量。托育人员要严于律己，举止大方，公正廉洁，树立良好榜样。

（五）保育育人

遵循婴幼儿身心发展特点和保教活动规律，提供适合的生活照料和发展支持。尊重婴幼儿的个性差异，因材施教。循序渐进，寓教于乐，以游戏为基本活动，促进婴幼儿身体发育、动作、语言、认知、情感与社会性的全面发展。在托育的一日生活中潜移默化地培养婴幼儿的自理技能和生活卫生习惯。托育人员应当根据婴幼儿的身心发展特点，在保育照护中扮演好婴幼儿的生活照顾者和学习引导者角色。

（六）尊重家长

认真听取家长的意见建议，满足家长提出的合理需求。坚持家托合作，主动公开托育相关信息，与家长定期沟通交流，适时向家长提供育儿支持。不得索要、收受婴幼儿家长财物或参加由家长付费的宴请、旅游、娱乐休闲等活动，不得推销婴幼儿读物、社会保险或利用家长资源谋取私利。托育人员应当尊重家长，与家长保持稳定的沟通合作，以便家托共育的顺利实施。

（七）终身学习

崇尚科学精神，树立终身学习的理念，拓宽知识视野，更新知识结构。刻苦钻研业务，勇于探索创新，不断提高自身专业素养和保育教养水平。自觉进行自纠自查，定期开展自我对照、自我检查、自我整改，提高自我反思能力。托育人员要活到老、学到老，学会自我反思、自我更新，不断提升自己的专业素养。

三、托育人员专业素养

托育机构负责人和保育人员是保证托育机构工作有序运转的重中之重，是婴幼儿托育活动的组织者和执行人，这两大托育从业群体的专业素养对于婴幼儿个体的终身发展和托育机构保育质量的提高起着关键作用。

（一）托育机构负责人的专业素养

1. 规划托育机构发展

（1）充分认识托育对婴幼儿的身心健康、习惯养成、智力发展具有重要意义。

（2）重视托育机构发展规划的制定和实施，凝聚托育人员智慧，建立共同发展愿景，明确发展目标，形成办托合力。

（3）尊重婴幼儿保育照护规律，立足托育机构实际，因地制宜办好托育机构。

（4）掌握国家的教育方针和相关的法律法规，熟悉《国务院办公厅关于促进 3 岁以下婴幼儿照护服务发展的指导意见》《托育机构设置标准（试行）》《托育机构管理规范（试行）》《托育机构登记和备案办法（试行）》《托育机构保育指导大纲（试行）》等托育相关政策。

（5）了解国内外托育改革发展的基本趋势，学习优质托育机构的成功经验。

（6）合理设置托育机构场地、建筑设计、室内外环境、设施设备、图书与游戏材料等，掌握托育机构发展规划制定、实施与测评的理论、方法与技术。

（7）把握托育机构发展现状，分析托育机构发展面临的问题和挑战，形成托育机构发展思路。

（8）组织专家、托育人员、家长、社区人士等多方力量参与制定托育机构发展规划。

（9）依据发展规划指导托育人员制订并落实学年、学期工作计划，提供人、财、物等条件支持。

（10）监测托育机构发展规划实施过程与成效，根据实施情况修正托育机构发展规划，调整工作计划，完善行动方案。

2. 营造育人文化

（1）把文化育人作为办托的重要内容与途径，促进婴幼儿德、智、体、美、劳各方面的协调发展。

（2）重视托育机构文化潜移默化的教育功能，将中华优秀传统文化、革命文化、社会主义先进文化融入托育机构文化建设。

（3）将尊重和关爱师幼、体现人格尊严、感受和谐快乐作为托育机构育人文化建设的核心，陶冶婴幼儿情操，启迪婴幼儿智慧。

（4）具备一定的自然科学、人文社会科学知识，具有良好的品德和艺术修养。

（5）了解托育机构文化建设的基本理论，掌握促进中华优秀传统文化、革命文化、社会主义先进文化融入托育机构的方法和途径。

（6）掌握婴幼儿身心发展特点，理解和欣赏婴幼儿的特有表达方式。

（7）营造体现办托理念的自然环境和人文环境，形成积极向上、宽容友善、充满爱心、健康活泼的办托氛围。

（8）营造陶冶教师和婴幼儿情操的育人氛围，向保育人员推荐优秀的精神文化作品和婴幼儿经典读物，防范不良文化的负面影响。

（9）根据婴幼儿身心发展特点和接受能力，将爱学习、爱劳动、爱祖国教育融入托育机构一日生活和发展支持活动中。

（10）凝聚托育机构文化建设力量，鼓励婴幼儿积极参与，发挥保育人员的主导作用，鼓励社会（社区）和家庭参与托育机构文化建设。

3. 领导保育照护

（1）坚持尊重婴幼儿、婴幼儿为先的原则，将婴幼儿的安全健康放在首位，对婴幼儿发展有合理期望。

（2）珍视游戏和生活的独特价值，尊重和保护婴幼儿的好奇心和兴趣，重视婴幼儿身体发育、动作、语言、认知、情感与社会性等各个领域的发展支持。

（3）尊重保育人员的保育照护经验和智慧，积极推进保育照护改革。

（4）掌握国家关于婴幼儿不同年龄阶段的发展目标和托育机构保育照护目标。

（5）熟悉托育机构环境创设、托育机构一日生活、游戏等活动组织与实施的知识和方法。

（6）了解国内外托育机构保育照护的发展动态和改革经验，了解教育信息技术在托育机构管理和保育照护活动中应用的一般原理和方法。

（7）落实国家关于托育机构保育照护的相关规定，立足机构实际，组织制定并科学实施保育照护活动方案。

（8）具备较强的课程领导和管理能力，指导托育机构保育人员根据每个婴幼儿的发展需要，制定个性化的活动方案，组织开展灵活多样的活动。

（9）建立机构负责人深入班级指导保育照护活动制度，利用日常观察、观摩活动等方式，及时了解、评价保育照护状况并给予建设性反馈。

（10）领导和保障保育照护研究活动的开展，提升保育照护水平。

4. 引领保育人员成长

（1）尊重、信任、团结和赏识每一位保育人员，促进保育人员的团结合作。

（2）重视机构负责人在保育人员专业发展过程中的引领作用，积极创设条件，激励保育人员的专业发展。

（3）具有明确的建立保育人员专业发展共同体的意识。

（4）把握保育人员的职业素养要求，明确托育机构保育人员的权利和义务。

（5）熟悉托育机构保育人员专业发展各阶段的规律和特点，掌握指导保育人员开展保育照护实践与研究的方法。

（6）掌握学习型组织建设的方法和激励保育人员主动发展的策略。

（7）了解保育人员专业发展的需求，鼓励支持保育人员积极参加在职能力提升培训，为保育人员创造并提供专业发展的条件和环境。

（8）建立健全保育人员专业发展激励和评价制度，构建教研训一体的机制。

（9）培养优良的师德师风，落实保育人员职业道德规范要求和违反职业道德行为处理办法，引导支持保育人员坚定理想信念、提高道德情操、掌握扎实学识、秉持仁爱之心，不断提升保育人员的精神境界。增强保育人员法治意识，严禁歧视、虐待、体罚和变相体罚等损害婴幼儿身心健康的行为。

（10）维护和保障托育人员合法权益和待遇，关爱托育人员身心健康，建立优教优酬的激励制度。

5. 优化内部管理

（1）坚持依法办托，自觉接受托育人员、家长和社会的监督。

（2）崇尚以德治托，注重机构负责人榜样示范、人格魅力、专业引领在管理中的积极作用。

（3）尊重托育机构管理规律，实行科学管理与民主管理。

（4）掌握国家对托育机构管理的法律法规、政策要求和机构负责人的职责定位。

（5）熟悉托育机构管理的基本知识，了解国内外托育机构管理的先进经验。

（6）掌握托育机构信息管理、健康管理、膳食管理、疾病防控、安全防护、人员管理、人员培训、财务管理、家长与社区联系等管理方法与实务。

（7）形成托育机构领导班子的凝聚力，认真听取党组织对托育机构重大决策的意见，充分发挥党组织的政治核心作用。

（8）建立健全托育机构管理的各项规章制度，严格落实保育人员、保健人员、保安人员等岗位职责，提高托育机构管理规范化、科学化水平。

（9）建立职工大会或职工代表会议制度，推行托育机构事务公开，尊重和保障教职工参与托育机构管理的民主权利。

（10）建立和完善托育机构应急机制，制定相应应急管理，定期实施安全演练，指导职工正确应对和妥善处置各类自然灾害、公共卫生、意外伤害等突发事件。

6. 调适外部环境

（1）充分认识家庭是托育机构重要的合作伙伴，积极争取家长的理解、支持和主动参与，促进家托共育。

（2）重视利用自然环境和社会（社区）的教育资源，扩展婴幼儿生活和学习的空间。

（3）掌握托育机构与家长、相关社会机构及部门有效沟通的策略与方法。

（4）熟悉社会（社区）教育资源的功能与特点。

（5）指导保育人员了解婴幼儿家庭教育的基本情况，掌握家园共育的知识与方法。

（6）建立托育机构对外合作与交流机制，开放办园，形成托育机构与家庭、社会（社区）及机构间的良性互动。

（7）面向家庭和社会（社区）开展公益性科学育儿的指导和宣传，利用家长接待、家长会、家长开放日等形式，帮助家长了解托育机构保育照护情况。开展家庭教育指导，注重通过多种途径，转变家长教育观念，提高家长科学育儿能力。

（8）加强托育机构与社会（社区）的联系，利用文化、交通、消防等部门的社会教育资源，丰富托育机构的教育活动。

（9）引导家长委员会及社会有关人士参与托育机构教育、管理工作，吸纳合理建议。

（二）保育人员的专业素养

1. 专业理念

（1）树立正确的儿童观。一是坚持“育人为本”的儿童观，首先儿童是发展的人，儿童的身心发展是有规律的，儿童具有巨大的发展潜能，是处于不断发展之中的；其次儿童是独特的人，儿童是完整的人，有自身的独特性，与成人之间存在巨大的差异；最后儿童是具有独立意义的人，儿童既是学习的主体，又是责权的主体。二是树立全面发展的儿童观，在承认儿童的个性差异、满足儿童个性发展基础上，促进每个儿童德、智、体、美、劳的全面发展。三是树立教育公正的儿童观，面向全体儿童，将公平公正的观念贯彻在托育的全过程。

（2）树立全面的保育观。将婴幼儿的安全健康放在首位，遵循发展规律保障婴幼儿的身体发育，提供适宜的发展支持，促进婴幼儿的个性发展和社会适应能力的提高，在保育照护过程中引导婴幼儿习得生活自理技能和生活卫生习惯。

（3）坚持“医育结合”理念。依托医院提供的专业医疗资源，学习婴幼儿卫生保健知识，预防与管理婴幼儿常见病，规范实施保育照护过程的卫生保健，将婴幼儿的安全健康放在首位，为婴幼儿提供“医育结合”的托育服务。

2. 专业知识

(1) 政策法规知识。了解并遵守《中华人民共和国未成年人保护法》《中华人民共和国母婴保健法》《中华人民共和国母婴保健法实施办法》《托儿所幼儿园卫生保健管理办法》等相关法律法规；熟悉《国务院办公厅关于促进3岁以下婴幼儿照护服务发展的指导意见》《托育机构设置标准（试行）》《托育机构管理规范（试行）》《托育机构保育指导大纲（试行）》《托育机构婴幼儿伤害预防指南（试行）》《婴幼儿喂养健康教育核心信息》等相关政策文件。

(2) 婴幼儿发展知识。了解关于婴幼儿生存、发展和保护的有关法律法规及政策规定；掌握不同月龄婴幼儿身心发展特点、规律和促进婴幼儿全面发展的策略和方法；了解婴幼儿在发展水平、速度与优势领域等方面的个体差异，掌握对应的策略和方法；了解婴幼儿发展中容易出现的问题与适宜的对策。

(3) 卫生保健知识。如卫生与消毒、物品管理、生长发育监测、体格锻炼、心理行为保健、婴幼儿常见病预防与管理、传染病预防与控制等。

(4) 安全防护知识。如食品安全知识、环境与设施设备防护安全、婴幼儿常见伤害预防与急救、意外事故报告原则与流程等。

(5) 生活照料知识。如各月龄婴幼儿营养与喂养要点、进餐照护、饮水照护、睡眠照护、生活卫生习惯培养、出行照护等。

(6) 早期发展支持知识。如婴幼儿生理心理发展知识、婴幼儿个体差异与支持、特殊需要婴幼儿识别与指导、活动设计与组织等。

3. 专业能力

(1) 卫生消毒能力。清扫、检查和预防性消毒活动室、卧室等室内外环境卫生，清洗与存放抹布、拖布等卫生洁具，清洁与预防性消毒床上用品、玩具、图书、餐桌、水杯、餐巾等日常物品。

(2) 健康管理能力。晨午检及全日健康观察，组织运动和锻炼婴幼儿体格，养成健康行为，宣传与组织计划免疫等。

(3) 疾病防控能力。识别、预防与护理患有发热、呕吐、腹泻、惊厥、上呼吸道感染等常见疾病的婴幼儿，识别、报告与隔离患有手足口、疱疹性咽炎、水痘、流感等常见传染病的婴幼儿，登记和保育护理患有贫血、营养不良、肥胖等营养性疾病以及先天性心脏病、哮喘、癫痫等疾病的婴幼儿。

（4）安全防护能力。掌握窒息、跌倒伤、烧烫伤、溺水、中毒、异物伤害、动物致伤、道路交通伤害等常见伤害的急救技能，了解并能够组织演练地震等重大自然灾害的逃生流程，能预防与应急处理火灾、踩踏、暴力袭击等突发事件。

（5）饮食照护能力。掌握合理的膳食搭配、适当的辅食添加、顺应喂养婴幼儿的方法；创设进餐环境，在进餐全过程看护，及时识别问题并解决，培养婴幼儿独立进餐、专注进食、不挑食等饮食习惯，辅助婴幼儿用水杯饮水等。

（6）睡眠照护能力。创设舒适安静的睡眠环境，及时识别婴幼儿困倦信号，观察、记录与照护睡眠全过程；培养婴幼儿规律就寝、独立入睡等睡眠习惯，识别与应对婴幼儿睡眠问题，为不同婴幼儿睡眠提供个别化照护等。

（7）清洁照护能力。熟悉并掌握婴幼儿刷牙、洗手、洗脸、漱口和擦鼻涕等盥洗的方法，以及便器的使用方法、便后清洁的方法；及时更换尿布/纸尿裤/污染衣物，培养婴幼儿如厕习惯，处理婴幼儿大便、小便异常等。

（8）活动组织与支持能力。合理安排和组织一日生活和活动，创设并利用婴幼儿生活和活动环境，配备丰富的活动材料、玩具图书，组织与实施动作、语言、认知、情感与社会性等活动，支持与引导游戏活动，观察与分析婴幼儿行为，以温和、尊重的态度与婴幼儿积极交流互动，及时识别与回应婴幼儿的需求等。

（9）沟通与反思能力。如日常记录与反馈、与家庭社区沟通合作、家庭社区科学养育指导、保育实践反思等。

第三节 托育发展历史

一、国外托育发展历史

在传统社会，抚养婴幼儿是每个家庭必须承担的责任义务，家庭式养育为社会主流的教养方式。在19世纪工业革命后的欧洲，工业化的热潮让大量妇女和青年参与到生产制造中，婴幼儿便处于无人看护的状态，随之而来的是对婴幼儿看护的高需求，托育机构应运而生。19世纪初期，德国、法国等相继出现婴幼儿看护的机构和学校。在第二次世界大战之后，发达国家涌现婴儿潮，社会照顾理念逐渐替代传统家庭照顾理念。为了进行战后经济重建，国家和社会开始承担众多家庭的婴幼儿照顾责任，突出托育服务的社会属性，进一步促进了托育机构的发展。20世纪末，许多发达国家面临婴幼儿出生率低、女性就业增加、家庭结构变迁的挑战，纷纷出台托育服务的政策和法律法规，扩大托育服务的规模，从托育机构的标准、课程设置、教学内容和软硬件设施等方面推动托育服务质量提升，同时还鼓励企业和家庭、社区广泛参与，提供多样化托育服务，婴幼儿早期教育正经历从生活看护向教育的拓展。现在，托育服务逐渐成为21世纪世界普遍关注的议题。

（一）美国托育发展概况

在20世纪，美国的一系列举措体现了对婴幼儿早期教育的重视。1979年美国国会通过的《儿童保育法》和1988年美国教育部推出的《平等开端计划》都保证了美国的婴幼儿从出生起就可以接受正规的教育。20世纪八九十年代，美国幼教权威机构——美国幼儿教育协会牵头推进了婴幼儿早期教育标准的制定，颁布早期教育“发展适宜性实践”行动指南。

进入21世纪后，为响应人们对托育服务公平性的追求，美国又陆续出台相关政策法规。2000年美国国会颁布《早期学习机会法》，增加儿童早期发展的义务性项目，提高服务和互动的有效性。2002—2005年陆续颁布《不让一个孩子掉队法》《入学准备法案》，为培训聘任托育服务从业人员提供充足的资金支持。奥巴马政府2008年发布的“0～5岁婴幼儿计划”和2015年美国国会颁布的《每个学生成功法案》，体现了美国以资金支持和立法保障的形式平等推进托育服务。与此同时，美国对托育服务的质量关注也更进一步，从2002年开始，美国部分州开始制定0～3岁婴幼儿学习指南。此外，美国幼儿教育协会建立了美国当前最具权威的早期教育质量评定与推进系统，至2018年已有38个州加入。

目前，美国针对3岁以下婴幼儿的托育机构主要是托儿所。托儿所主要有两种，一种是日托中心，另一种是家庭式托儿所。日托中心属于市场化运作，收费因孩子大小而不同，年龄越小收费越高。根据地区消费、规模大小、资质等情况，每月从几百美元到两千多美元不等。管理标准严格、师生比例合理、安全水平高的日托中心，费用自然也会相应提高。家庭式托儿所则以私人运营为主，运营者在私家住宅中开辟宽敞的托育空间，安排家庭托育员照料儿童，开设的课程源于儿童常见的生活事件。

（二）英国托育发展概况

英国托育经过长期的历史沉淀已形成了较为完善的托育服务体系。1998年，英国颁布的《应对儿童保育挑战》绿皮书提出“三步走”行动计划，即提高儿童保育质量、通过税收与优惠制度帮助工薪家庭减轻儿童保育的负担、扩建儿童保育场地并完善有关信息，由此拉开全面改革儿童保教体系的序幕，并在此基础上开展“确保开端”地方项目以改善贫困儿童的保教状况。与此同时，英国0～5岁儿童的教育和保育统一归于教育部门管理，托育行政管理形成教育部门为主导、各级政府责任明确分工的特点。2004年，英国出台的《家长的选择与儿童最好的开端：儿童保育十年战略》为21世纪前十年的早期教育指明了发展方向。2007年，英国中央政府规定地方政府将早期教育经费单列，并出台“特定经费投入方案”，为保教体系建立提供资金支持。2008年，《早期奠基阶段法定框架》提倡0～5岁儿童保教一体，规定儿童的学习与发展要求、发展评估、安全与健康要求，包含7个学习领域、28项早期教育目标、117个评价标准，统一评估所有的托育机构。在颁布实施政策法规和规范行政管理的基础上，英国对托育服务的质量监管也毫不懈怠。英国通过教育标准局、儿童福利部门、财政部门等部门对托育服务机构的督导，以及第三方组织参与调查、托育机构自我评估等方式，实现对托育服务质量的监管，已初步建立了早期教育督导制度。

目前，英国已形成一个庞大完备的、市场供给的托育服务体系，在英国有将近97%的3岁以下婴幼儿的托育服务是由民营机构提供的。英国托育机构繁多，服务形式多样，以市场化运作为主，提供全日制和非全日制的托育服务，满足不同家庭的需求。教育标准局为此将早期保教机构分为儿童保育员、家庭组织、非家庭场所的非政府早期教育机构、私立或独立学校、地方政府举办的早期教育机构五大类，每一类型下还包括了种类繁多的机构，如“早期优质服务中心”和“确保开端儿童中心”，专为0～5岁低收入家庭儿童提供全天或半天托育服务。

（三）日本托育发展概况

日本将托育作为社会公共事业进行推广和发展。1938年颁布的《社会事业法》将托儿所作为社会事业设施，标志着日本将托育服务视为一项社会公共事业。1947年的《儿童福祉法》将所有的托育服务机构统一命名为“保育所”，强调了保育所的保育性质，建立起幼稚园与保育所并行的早期教育体系。20世纪末出现的“少子化”现象促进日本进行托育服务改革，提出建立认定儿童园，将保育和教育进行合并，实行“幼保一体化”的托育服务体系。2006年，日本政府颁布《关于“认定儿童园”的国家方针》，规范认定儿童园的主要内容、师资配备、设施设备等。在托育课程规定上，日本于1965年颁布了第一部《保育所保育指针》，提出保育所的任务是培养具有丰富人性的儿童，并在2017年进行的第四次修订中细致划分不同年龄段儿童的课程内容和目标，列出了每个目标的教育内容和儿童应该达到的发展水平，以及在保育照护中的注意事项。

由于幼稚园与保育所并行发展，日本目前的幼儿教育机构主要有幼稚园和保育园。幼稚园属教育机构，归文部省管辖，不论父母是否工作，满3岁或4岁的儿童（因园而异）

都可入园，在园时间一般为每天 4 小时，不论家庭收入多寡都收一定的保育费。保育园则属儿童福利机构，归厚生省（负责医疗、卫生、社会福利等）管辖，入园条件是父母双方都工作或因其他原因白天无法照看的儿童，一般为 1 岁至学前儿童，也有 3 个月或 6 个月的婴儿，保育时间原则上为 8 小时，特殊情况还可延长。保育园以家庭的不同收入为准计算收费，高收入的多交，低收入的少交，收入低于一定程度的免费。日本的保育园大部分为公立，也有少量私立的保育园，主要目的是“受保护者的委托，对缺乏保育的乳儿及幼儿进行保育”。保育园的老师要通过国家统一考试，取得资格才能任职。

二、中国托育发展历史

我国古代没有社会化的托育机构，婴幼儿的照顾主要由家庭来承担，家庭教养重视言传身教、严慈相济的教育方法，以家训和典籍为重要参考，对儿童进行日常言行举止、伦理道德的启蒙教育。例如，《礼记》记载“子能食食，教以右手，能言，男唯女俞。……六年，教之数与方名”，阐述了教养婴幼儿在不同阶段习得不同的生活技能，在能够吃饭时就要教他使用右手，学会说话时就要教他学会聆听，然后教习数学、辨认方向等。

1904 年 1 月 13 日，清政府公布了由张之洞、荣庆、张百熙主持重新拟定的一系列学制系统文件，包括《学务纲要》《各学堂管理通则》《蒙养院章程及家庭教育法章程》《初等小学堂章程》《高等小学堂章程》等，统称为《奏定学堂章程》。这是中国近代由中央政府颁布并首次得到实施的全国性法定系统，因颁布时仍为农历癸卯年，故称“癸卯学制”。在《蒙养院章程及家庭教育法章程》中，规定了蒙养院是招收 3～7 岁幼儿的教育机构，实行家教合一的宗旨，对蒙养院的教育宗旨、招生对象、设置范围和地点、科目、教学方法、保育人员等提出了具体要求，是中国第一部幼儿教育法规，催生了第一批学前教育机构和学前师资培训机构，标志着中国学前教育由完全的家庭教育开始缓慢地向社会化教育转化。此前，受维新运动和提倡幼儿教育“公教公养”的影响，1903 年秋，湖北巡抚端方在武昌创办湖北幼稚园，癸卯学制颁布后，湖北幼稚园改名为武昌蒙养院，是中国最早创立的公立学前教育机构。湖北幼稚园曾附设女子学堂，是中国幼稚师范的萌芽。在同一时期，长沙、北京、上海也相继出现蒙养院。民国时期，由于内外战火不断，政治动乱，政府不重视幼儿教育发展，幼儿教育发展十分缓慢。“五四运动”掀起的平民教育、国民教育、实用主义教育思潮促进了我国学前教育思想的产生，以陈鹤琴、陶行知、张雪门为代表的教育家不断推进现代儿童教育思想，推崇从儿童的本能、兴趣和需要出发的儿童中心论，反对幼儿教育贵族化，积极倡办为平民子女服务的幼儿园，如陈鹤琴创办的鼓楼幼儿园、陶行知创办的乡村儿童团。

抗日战争全面爆发后，许多儿童流离失所甚至成为孤儿。中国共产党联合各界知名人士，于1938年3月10日在武汉成立中国战时儿童保育会。在中国战时儿童保育会的引导下，四川、广东、广西、湖南、陕甘宁边区、香港等地相继成立20多个分会，先后建立了60多所战时儿童保育所，收留、保护、教育了近3万名儿童。以儿童保育会和托儿所为主要形式，保育人员训练班培养一批新型保育人员，以加强战时儿童爱国主义教育，培养追求真理、反抗侵略的精神。同时，特别重视劳作教育，以培养儿童的劳动习惯，树立劳动创造世界的观念，开展各种社会活动让儿童在社会实践中学习，培养工作的自觉性。战时儿童保育会和托儿所的建立和兴起，为我国幼儿教育事业发展积累了宝贵的财富，为新中国发展社会主义幼儿教育奠定了坚实的基础。

新中国成立后，全面恢复和发展生产的经济建设需要大量劳动力，妇女也是劳动力的重要来源。因此，为了经济发展和支持妇女就业，我国于1952年颁发了第一部规划幼儿教育的规章《幼儿园暂行规程（草案）》，规定了幼儿园的任务是：根据新民主主义教育方针教养幼儿，使他们的身心在入小学前获得健全的发育；减轻母亲养育幼儿的负担，使母亲有时间参加政治生活、生产劳动、文化教育活动等。1956年，由教育部等部门联合发布的《关于托儿所幼儿园几个问题的联合通知》指出，托儿所统一由卫生行政部门领导，对城市和农村的托育发展做出相应规划；同年，由教育部发布的《关于中小学、师范学校的托儿所工作的指示》中指出，“运用各方面的力量，举办各类不同类型的托儿所”，对托儿所的种类、数量都做出相应要求，带有公共福利性质的公共托幼系统蓝图由此建立，托育发展迅速。进入20世纪60年代上半期以后，中国社会经济发展进入调整时期，社会出现劳动力过剩，妇女就业面临岗位不足的困境，旨在支持妇女就业的儿童照顾问题受到的关注锐减，托育供给因此减少。

改革开放初期，广大城乡人民对发展学前教育提出新要求，“优生优育”观念盛行，集体福利形式的托幼事业得到发展。1981年6月，卫生部颁布《三岁前小儿教养大纲（草案）》，这是新中国成立后首次明确规范0～3岁儿童的教育工作，提出了托儿所教养工作的教养目标、原则、内容和要求。1985年后，卫生部陆续颁布了《托儿所、幼儿园卫生保健制度》和《托儿所、幼儿园建筑设计规范》，细化了托育服务的相关要求，以期提升托育服务的整体质量。

在20世纪80年代末期的市场化经济体制改革背景下，我国婴幼儿托育由单一走向多元，由国家提供的福利保障逐渐过渡为由其他社会组织承担。1988年，国家教委等八部门联合制定的《关于加强幼儿教育工作的意见》指出，“养育子女是儿童家长依照法律规定应尽的社会义务”“家长送子女入园理应负担一定的保育、教育费用”，这标志着0～3

岁早期教育服务转变为家长付费的购买服务，照顾儿童责任回归家庭。与此同时，逐步确立社会力量办园方针，1992年国务院颁布实行《九十年代中国儿童发展规划纲要》，提出社会力量办园方向。2001年，国务院发布的《关于基础教育改革和发展的决定》中强调，大力发展以社区为依托，公办与民办相结合的多种形式的学前教育和多种儿童早期教育服务。

2010年以后，由于“入园难”“入园贵”的问题严峻，我国政府更加重视学前教育的普惠性和公益性。2010年11月发布的《关于当前发展学前教育的若干意见》强调，“坚持政府主导，社会参与，公办民办并举，落实各级政府责任，充分调动各方面积极性……提供‘广覆盖、保基本’的学前教育公共服务”，将早期教育服务纳入公共服务。2011年全面实施的《中国儿童发展纲要（2011—2020年）》明确指出了0～3岁儿童的发展目标和政府发展0～3岁儿童早期教育的责任。与此同时，政府及相关部门尝试探索构建0～3岁婴幼儿早期发展服务体系。2013年，教育部决定在上海、北京、青岛、大连、宜宾、福州等14个地区开展0～3岁婴幼儿早期教育试点。2017年底，党的十九大报告把“幼有所育”作为需要取得“新进展”的七项重点民生任务之一，健全托育服务体系成为推进“幼有所育”的重要任务。2019年4月，《国务院办公厅关于促进3岁以下婴幼儿照护服务发展的指导意见》为婴幼儿照护服务指明了发展方向。2019年10月，国家卫生健康委印发《托育机构设置标准（试行）》和《托育机构管理规范（试行）》，明确规定了托育机构设置的具体要求和管理内容，推进了托育服务的规范化和专业化。2021年1月，国家卫健委印发《托育机构保育指导大纲（试行）》强调托育机构保育工作的重要性，对营养与喂养、睡眠、生活与卫生习惯、动作、语言、认知、情感与社会性等方面提出具体目标和要求，为托育机构保育工作的规范化提供科学参考。2021年7月，《中共中央 国务院关于优化生育政策促进人口长期均衡发展的决定》发布，提出三孩生育政策及配套的支持措施，这一重大生育政策的调整将发展普惠托育服务体系纳入支持措施的建设重点。

第四节　中国托育的现在与未来

一、托育的现状

我国的学前教育发展历史悠久，随时代的变迁几经浮沉。近年来，学前教育在政策、理论、实践等方面都快速发展，但发展重点集中在3～6岁幼儿阶段，0～3岁婴幼儿托育服务相比幼儿教育明显滞后。托育服务较已形成完善体系的西方发达国家来说尚处于起步阶段，发展尚不成熟，入托难、托育贵、托育质量参差不齐等突出问题亟待解决，尚且无法完全满足社会日益增长的托育服务需求。

（一）入托难

2019 年，北京师范大学团队受国家卫生健康委人口监测与家庭发展司的委托，面向北京、上海、广州、南京等全国 13 个城市开展调研（以下简称 13 城市调研）后发现，68.4%的 3 岁以下婴幼儿家庭表示有入托需求，59.4%的家长反映入托难。可见，我国托育服务供给问题依旧严峻，托育需求与托育供给之间缺口相当大，供不应求的现状仍然存在。此外，2017 年中国人民大学与国务院妇女儿童工作委员会联合进行的四省市城市 0～3 岁婴幼儿托育服务需求和供给抽样调查发现，79.44%的家长希望托育机构设在居住的社区内或邻近社区。而 2019 年的 13 城市调研显示，仅有 12.67%的托育机构与家庭的距离符合《托儿所、幼儿园建筑设计规范》中“托儿所、幼儿园的服务半径宜为 300m”的规定。该调研还显示，超过 1/3 的婴幼儿不得不在离家 2km 外的地方入托，17.6%的家长由于距离托育点位置远面临择托难的困境。可见，托育点目前布局不尽合理，尚不能满足广大家长就近、就便入托的现实诉求。托育点分布的不合理既体现为城市内部托育资源分布不均衡，又体现为城乡分布不均衡。在入托需求巨大的广大农村地区和城乡接合部地区，托育机构均极为匮乏。

（二）托育贵

公办托育机构具有管理规范、质量可靠、价格亲民的优势。质优价廉的公办托育机构深得民众信赖与渴求。2016 年中国人口与发展研究中心的调查发现，76.8%的家长期望孩子能进入公办托育机构。然而，在总体托育机构资源匮乏的情况下，我国公办托育机构资源更是稀缺。根据教育部和国家统计局的数据推算，全国范围内纳入教育部门管理的托育机构的在园 3 岁以下婴幼儿人数仅占入托总人数的 2.2%。在公办托育机构不足且托育服务市场需求大的情况下，民办托育机构应运而生。然而，大部分民办托育机构收费偏高，普惠且能让家长放心的民办托育机构屈指可数。例如，2019 年上海市人民代表大会教育科学文化卫生委员会的调研显示，9 家全日制托育机构每月收费少于等于 3 000 元，11 家每月收费在 3 000～10 000 元浮动，8 家每月收费超过 10 000 元。目前市场上能提供较高水平服务的托育机构，每月收费基本都在 10 000 元以上。调查发现，有 26.9%的家长表示用于购买托育服务的压力仅次于住房支出压力，18.9%的家长在高昂的托育费用前望而却步。托育贵问题十分突出，发展公益普惠的托育服务迫在眉睫。

（三）托育机构质量参差不齐

当前，我国托育机构准入门槛较低，缺乏有效的行业监管，质量参差不齐。2019 年国家卫健委委托项目“婴幼儿托育服务的供需调研”的结果表明，45.1%的家庭由于优质托育机构资源少而不愿意或无法送孩子入托。托育机构质量参差不齐，优质托育资源稀缺，进一步加剧了入托难。优质的托育服务需要数量充足、资质优良、安心从教的专业师资队伍作支撑。较高的师幼比、稳定的教师队伍、受教育水平较高的教师与婴幼儿较好的社会性发展、语言和认知发展结果之间存在显著正相关。然而，当前我国托育机构的师资力量比较薄弱：一是因为托育从业人员数量严重不足，婴幼儿早期教育师资缺口高达 240 万；二是因为合格的托育师资较少。2019 年相关调查发现，大多数托育机构教师只拥有育婴师资格证的同类证书或各种国际幼儿教育派别的资格认证，甚至存在无证上岗的现象，10.97%的教师未持有任何资格证书，24.68%的保育员未持有任何资格证书。此外，托育从业人员由于工资待遇不高、工作强度较大、缺乏正式编制、晋升通道不畅等原因，往往职业认同感低、流动性大，而教师的稳定性又关系到婴幼儿依恋感和安全感的获得。

二、托育的未来发展

针对我国托育目前面临的入托难、托育贵、托育质量参差不齐的问题，需要政府主导、社会协同、家庭参与，形成合力共同应对，以保证 0～3 岁婴幼儿能够获得优质的托育服务，为未来发展奠基。

（一）政府层面

首先，政府进行托育顶层设计，出台政策法规。政府应制定托育服务的整体规划并明确未来发展的具体方向，根据每年新出生人口和老年人口数量，出台托育服务的相关政策法规，明确政府应该承担的责任和义务。通过结合不同家庭的生育意愿和托育意愿，多部门共同协作，进行 0～3 岁婴幼儿公共托育服务体系的顶层设计，制订符合不同地区发展实际的托育服务计划，在助推城市地区托育发展的同时，推动农村、城乡接合部地区和民族地区托育服务的发展。

其次，加强政府及有关部门的监督责任，建立跨部门协调工作机制。政府与安全卫生、食品监督、税务、物价、民政等部门合作，制定托育机构管理办法和具体细则，为托育行业制定一系列行业规范标准，如托育机构收费标准、托育机构评估标准、从业人员从业规范等。

最后，充分利用互联网、大数据、物联网、人工智能等技术手段，推行“智慧托育”。可以通过搭建智慧托育服务管理平台，实现托育服务的全过程监管，在优化政务服务、加强管理、统计监测、统筹规划等方面发挥积极作用，推动托育服务供给侧转型升级、智慧革新，提高托育行业的管理水平。

（二）社会层面

1. 构筑良好的托育环境

良好的环境设施是人类赖以生存和发展的基础，关乎婴幼儿托育质量的环境设施主要包括室外环境设施和内部环境建设。在室外环境上，托育机构在地址的选择上应该考虑周边的自然环境是否优美适宜，还要考虑机构周围的交通条件是否便利、是否提供停车场，为家长正常接送婴幼儿提供重要保障。在内部环境上，托育机构首先应考虑室内空气的流通性和采光的舒适性，为婴幼儿提供充足自由、无明显死角障碍的活动空间，合理划分睡眠区、活动室、就餐区、户外活动区。其次，根据婴幼儿年龄阶段发展差异，为婴幼儿提供不同的活动材料、玩具图书，如对于1岁幼儿，由于年龄较小，以提供儿童玩具为主；而对于2～3岁的幼儿，他们在心理和生理上都获得了一定的成长，托育机构可以提供一些简单的绘本，与他们进行共读活动，帮助幼儿提高认知能力，丰富其内心情感。最后，托育机构可以根据婴幼儿身心发展特点，进行安全健康的环境创设，通过环境进行良性互动，激发婴幼儿主动认识世界、探索世界的求知欲和好奇心，营造适宜婴幼儿成长的人文氛围，有效促进婴幼儿认知、情感、社会性、身体发育的发展。

2. 加强托育机构从业人员门槛，提升从业人员的专业素养

对婴幼儿托育从业人员，要严格实行从业认证标准，加强把控，推行严格的从业许可证制度。与此同时，托育机构应当采取严格的定期考核制度和职前职后培训制度，提高工资待遇水平，拓宽从业人员的晋升渠道，保障从业人员的未来职业发展，从而提高托育机构从业人员整体的素质水平和从业人员队伍的稳定性。另外，托育机构从业人员自身要严格遵循职业道德规范自身行为，树立终身学习的理念，通过参加培训、业余学习等形式提高自身专业素养，尤其是加强保育照护能力和活动设计组织能力。

3. 托育机构提供多元优质的托育服务

托育机构应根据不同家庭的需求提供多元丰富的托育服务，如为不同职业的父母提供不同时长的托育时间，提供日托、半日托或计时托供不同家庭选择。托育机构还应定期开展家托合作活动，组织家长开放日，邀请家长与婴幼儿进行亲子互动；通过家长手册、公示栏、微信公众号、App等形式主动让家长知晓婴幼儿作息时间安排、餐点提供、活动开

展等信息；定期开办讲座、家长会，线上平台推送科普资料，向家长传播科学育儿知识和方法。与此同时，托育机构应根据家长需求提供个别化的咨询服务，让家长需求得到合理满足，由此与婴幼儿家庭构筑起沟通交流的桥梁，有助于保持托育和家庭教育的一致性，家托形成合力共同助推婴幼儿的健康快乐成长。

（三）家庭层面

首先，婴幼儿家庭应重视家庭教育，树立正确的养育理念。我国婴幼儿照护目前仍是以家庭为主，社会为辅。家庭是婴幼儿生命的摇篮，是人出生后接受教育的第一个场所。父母作为孩子的第一任启蒙老师，肩负着教养孩子的使命，应重视家庭教育对孩子的影响，多与孩子互动交流，构建良好的依恋关系，为孩子搭建起认识世界、进入社会的桥梁，为儿童良好性格的形成奠定基础。与此同时，遵循“两性平等”的观念与方式，父母双方应共同承担教养婴幼儿的责任，尽量避免母亲或父亲或祖辈单独来承担育儿重任，通过合理协调工作、养育时间，父母双方共同养育，减少因育儿理念不同而产生的矛盾。

其次，婴幼儿家庭在选择托育服务时应基于家庭的具体实际，从环境、师资、园所管理、活动安排、家托合作等全面考察托育机构的情况，考虑其是否能够较大程度地满足家庭的具体需求。同时，婴幼儿家庭应该正确认识托育机构，树立和托育机构一致的保育教养理念，将托育机构视为家庭的合作者，将托育视为家庭教育的重要补充，与托育机构共同承担照顾婴幼儿的责任，在家托合作中齐心协力为婴幼儿的身心健康发展保驾护航。

本章小结

本章主要介绍了婴幼儿托育的相关概念，以及托育的原则、内容和特点，强调了托育对于婴幼儿全面发展、家庭和睦、社会稳定与国家建设发展的不可替代性。同时概述了托育人员的组成、任职要求和工作内容，强调托育人员应遵循的基本职业道德，事关托育质量高低的托育机构负责人和保育人员还应具备多方面的专业素养。回顾了国内外托育的历史发展进程，我国托育正处于基础薄弱的起步阶段，面临入托难、入托贵、托育机构质量参差不齐的问题，需要政府主导、社会协同、家庭参与，齐心协力应对，保证婴幼儿获得优质的托育服务，为托育的未来发展添砖加瓦。

同步练习

一、选择题

1. 依据为婴幼儿提供的托育环境，可将托育机构划分为（　　）。

A. 早教中心、亲子中心、托儿所

B. 图书馆、游泳馆、玩具馆

C. 家庭式托育、机构式托育、社区托育

D. 月子中心、托婴中心、幼儿园

2. 托育对婴幼儿个体发展的意义，不包括（　　）。

A. 促进教育公平，提高国民整体素质

B. 促进生长发育，提高身体素质

C. 培育美感，促进想象力、创造性的发展

D. 发展个性，促进人格的健康发展

3. 托育机构保育的首要原则是（　　）。

A. 安全健康　　B. 科学规范　　C. 积极回应　　D. 尊重儿童

4. 保育人员的活动组织与支持能力，不包括（　　）。

A. 合理安排和组织掌握一日生活

B. 合理搭配膳食，适当添加辅食

C. 配备丰富的活动材料、玩具图书

D. 观察与分析婴幼儿行为

5. 我国学前教育由完全的家庭教育开始缓慢地向社会化教育转化的标志是（　　）。

A. 鼓楼幼儿园的创办

B. 武昌蒙养院的设立

C.《蒙养院章程及家庭教育法章程》的颁布

D. 战时儿童保育会的成立

二、判断题

1. 托育的实质是启蒙教育，因此托育服务重在开发婴幼儿智力，促进认知发展。（　　）

2. 托育人员一般包括管理负责人、保育人员、保健人员、保安人员等。（　　）

3. 托育机构保育人员应当具备规范的保育意识，掌握安全保育方法和科学保育能力。（　　）

4. 我国学前教育一直以来的发展重点集中在 0～3 岁婴幼儿阶段，幼儿教育相比托育服务明显滞后。（　　）

5. 托育机构需要政府主导、社会协同、家庭参与，形成合力共同应对入托难、入托贵、托育质量参差不齐的托育问题。（　　）

三、简答题

1. 请从服务的组织、群体、内容、效果等方面分别阐释“托育服务”。

2. 托育对于家庭发展有哪些重要意义？

3. 托育人员应遵循哪些职业道德？

四、思考题

如何在婴幼儿家庭和托育机构推广发展“智慧托育”？

第二章　婴幼儿健康发展

学习目标

知识目标

1. 了解婴幼儿身体、心理各方面发展的特征及影响因素。
2. 熟悉婴幼儿气质类型特点，并能有针对性地进行教育。
3. 了解常见的婴幼儿发展评估量表。

能力目标

1. 能根据婴幼儿发展特征对其进行适当的训练。
2. 能根据婴幼儿的气质类型进行个性化、针对性的教育。
3. 会正确使用婴幼儿发展评估量表。

素养目标

1. 通过学习婴幼儿发展阶段，把握发展适宜性原则。
2. 了解婴幼儿的气质类型，准确把握不同婴幼儿的照料需求。
3. 通过了解并学会使用常见的婴幼儿发展评估量表，促进婴幼儿的健康发展。

案例导入

多动的凯特琳

16个月大的凯特琳外表像一个小天使，但行为上却不是这样。在她会走路之前，她就总在扭动和摆动。她不但对婴儿玩具不感兴趣，而且对其他事物也只有短暂的兴趣。现在凯特琳会爬并学习走路了，一切都变得那么危险。她要到所有能到的地方去。她是一个快乐的学步儿，但也是她父母的恼怒源。凯特琳完全会走路了，但她的父母却不愿意带她去餐馆或者其他公共场所，这限制了她的活动。她挑战着这些对她的限制，她不愿意坐在儿童椅上，并且倔强地无视所有试图控制她的行为。她维持注意力的时间仍旧很短，但持续的活动填满了她忙碌的一天。

资料来源：苏·克拉克·沃瑟姆．早期教育课程：教与学的发展性基础［M］．5 版．梁慧娟，等译．北京：北京师范大学出版社，2019.

问题：请你分析一下凯特琳的行为表现。

第一节　婴幼儿身心发展特征

一、婴幼儿动作发展

动作是人类赖以生存和生活所必需的一种基本能力，也是人早期与外界环境相互作用的主要手段之一，动作发展过程主要受人体器官生理成熟和所处环境两大因素的影响，而前者还会受到后者的相关影响。① 此外，动作在个体早期心理发展中的感知觉、注意、记忆、思维、情感、自我意识和社会适应等方面都起到重要的作用，故已成为目前发展心理学热门研究课题之一。② 出生后的婴幼儿离开母体走向一个陌生的环境时，他们主要依靠自己的感觉器官去探索周围世界，动作的发展为婴幼儿提供了探索世界的机会，婴幼儿 2 岁之前的身体动作的发育比其他童年时期要快很多。

（一）婴幼儿身体动作发展的一般规律

1. 从头部到躯干发展

婴幼儿出生后，他们动作的发展都是从头部开始发展，再到躯干的发展，最后到下肢及全身的发展，是从上到下的一个发展过程。

例如，我们常说的“三翻六坐七八爬”正是揭示了这个规律，婴幼儿最先学会的就是抬头，然后是翻身、坐、爬，最后是站立和行走。

2. 从中央到边缘发展

婴幼儿动作的发展是从近到远、从中央到边缘的，先发展头部和躯干的部分，然后发展四肢动作，最后才是发展手部、脚部的精细动作。

例如，婴幼儿先会摆弄自己的四肢，然后才会进行手部、脚部的动作。

① 徐秀，冯玲英，刘湘云，等．婴幼儿抚育环境和动作发展的研究［J］．中国儿童保健杂志，2007（5）．
② 董奇，陶沙．动作与心理发展［M］．北京：北京师范大学出版社，2002.

3. 从粗大动作到精细动作发展

婴幼儿在动作发展的过程中，先进行的是粗大动作（如胳膊、腿部）的发展，其次才是精细动作（如手部、脚部）的发展。

例如，婴幼儿先学会跑步、跳跃这类大肌肉动作，其次才学会系鞋带、捡豆子等这类小肌肉动作。

4. 从整体到局部发展

婴幼儿出生后先会进行整个身体的运动，随着年龄的增长，婴幼儿的动作会逐步向局部发展。

例如，婴幼儿如果手部被烫了一下，会边哭边喊，全身都在乱动；而当他们成长到一定年龄段的时候，他们只会摆动手部，而不再进行全身性的动作。

5. 从无意动作到有意动作发展

无意指的是没有目的的、不需要意志努力就可以完成的行为；有意指的是有目的的、需要意志努力完成的行为。

例如，婴幼儿刚出生的一段时间，会做出眨眼、吸吮、弹跳、抓握等动作，这些都属于无意动作；而婴幼儿穿衣服等动作属于有意动作。

（二）婴幼儿动作发展的年龄段特点及教育

婴幼儿出生后总被看作是被动发展的，但其实他们正通过自身的动作适应周围的环境，认识周围的事物。沃瑟姆在其发展检核表中介绍了每个年龄段婴幼儿动作发展的特点，这对养育者来说极为重要，可帮助养育者了解各年龄段婴幼儿动作发展的特点。

1. 0～6 个月婴儿的动作发展及教育

0～6 个月婴儿的动作在逐渐发展，这一时期的具体表现为：

第一，婴儿头部支撑力得到发展，抬头动作发展较快。他们靠在成人肩膀上时能抬头，被放在成人肚子上时能抬头或转头，在听到声音时会转头。

第二，婴儿的身体开始获得平衡，他们能在支撑下坐着，会翻身，能积极地移动胳膊和腿。

第三，婴儿的眼睛会跟随移动的人或物体移动，能看向悬浮的物体；会盯着物体进行观看；手眼协调能力得到发展。

第四，婴儿的抓握能力获得发展，能抓着一个物体或抱着某物儿秒钟；会伸手抓握摇晃的玩具，并喜欢把物体塞进自己嘴里；喜欢玩弄自己的手和脚。

面对这一阶段婴儿的发展特点，成人需要为婴儿提供适当的措施以促进其发展。成人可以允许婴儿在床上进行翻滚等动作；可以在室内悬挂一些物件，鼓励婴儿抓握，发展他们的抓握能力；成人在参与婴儿坐的行为中，应扶持其坐立，保持其坐的平衡。

2. 7～12 个月婴儿的动作发展及教育

婴儿出生后的第二个 6 个月是他们整个生命周期中最重要的生长发育期之一，这一时期他们已经习得基本动作，具体体现为：

第一，婴儿坐的能力已发育成熟，他们能独立地坐，并能独立保持坐姿。

第二，婴儿爬行、站立、行走能力得到发展，能从一个地方爬到另外一个地方，有人扶着时能站立、能走路。

第三，婴儿的精细动作迅速发展，他们能将物体从一只手换到另一只手，能用大拇指和食指捡起小物体，能自己操作玩具或物体，能一次拿取两个玩具，能将物体放入容器中，能用杯子、勺子或手指尝试自己进食。

第四，婴儿的模仿能力得到发展，他们开始模仿成人的语音及动作。

面对这一阶段婴儿的发展特点，成人要给予其独立坐的机会，多扶着婴儿练习站立与行走，发展其腿部的支撑能力；为婴儿提供小肌肉动作练习的环境，如让婴儿帮自己捡物品，在吃饭时鼓励其自己用餐；成人还需注意自己的言行举止，避免使婴儿通过模仿习得不好的言语与行为。

3. 1～2 岁幼儿的动作发展及教育

1 岁以后的幼儿能够自己行走，他们在这个时期掌握新的能力，能自己独立地做许多事，主要的特点体现为：

第一，幼儿能够较平稳地走路，并能倒退。

第二，在 1.5 岁时学会上楼梯，但存在一定的困难，到 2 岁时基本能熟练地上楼梯。

第三，学会扔球，会搭积木，能翻书，开始涂鸦乱画。

第四，此阶段的幼儿学会换衣服，但比较困难，能自己脱鞋和脱袜子。

第五，幼儿在很少的帮助下可以使用勺子，会用杯子喝水但可能会将水洒漏。

面对这一阶段幼儿的发展特点，成人在上下楼梯时要解放自己的双手，不要经常抱着幼儿上下楼，可以让其独立扶着栏杆进行；培养幼儿独立穿脱衣服、吃饭、喝水等技能，成人在幼儿不请求帮助的前提下不要主动介入其行为。

4. 2～3 岁幼儿的动作发展及教育

幼儿 2 岁开始进入皮亚杰所说的前运算阶段，这个时期的幼儿正经历从一个婴儿期到学前期的过渡时期，他们会习得很多行为，并为进入幼儿园做准备。这一时期的主要特点体现为：

第一，幼儿会自己洗手擦脸。

第二，会两手配合进行穿鞋袜、解衣扣、拉拉链、用筷子等细小的动作。

第三，学会画直线、圆等图形。

第四，能一手摁着书，另外一只手一页一页地翻书。

第五，可以用积木搭建较为形象的物体，动作的发展能配合他们的思维。

面对这一阶段幼儿的发展特点，成人要完全解放自己的双手、解放幼儿，让他们不断地进行探索，在各方面获得发展。具体而言，成人可以为幼儿提供自己操作物体的机会，例如让幼儿自己练习系鞋带、自己用筷子吃饭等动作，发展其手部精细动作。

二、婴幼儿认知发展

（一）认知发展内涵

在认知发展领域，主要包括感知觉、注意、记忆、思维、想象这些方面的内容。对于婴幼儿来说，他们的思维等还处于刚刚发展或者发展不完善的状态，主要是通过自己的感知觉（包括视觉、听觉、嗅觉、味觉、触觉）认知周围的世界，即通过看、听、闻、尝、摸的方式认识他们周围的事物，获得相关的经验。

例如，孩子在面对一个面包时，眼睛可以看到面包是金黄色的，面包掉到桌子上或地上几乎没有声音，用鼻子闻一闻会发现有奶香味，用嘴巴尝一尝发现是甜的，用手捏一捏发现面包是软的。他们会通过自己的动作、感知了解一个物体的性质，而不像成人有一定的经验，能够根据已有的记忆、思维直接知道面包的特征。

（二）婴幼儿认知发展的特点及教育

1. 感知觉的发展特点

（1）感觉的发展特点。感觉是人类与生俱来的，是任何人最早的心理现象，是人脑对直接作用于感觉器官的客观事物的个别属性的反映。婴幼儿主要通过感觉器官认识周围的事物，其发展特点如下：

视觉的发生发展：婴儿出生后便有了视觉，他们会随着光线的变化转动自己的头部，但是他们的视觉集中能力较差，看东西时无法很好地进行定位；在 2 个月时，他们能用眼睛追随物体缓慢移动，出现明显的视觉集中；3 个月时能追随物体做圆周运动；5～6 个月时能注视较远的物体。婴儿出生后的视力处于模糊的状态，到 6 个月大的时候他们的视力会明显变好。婴儿出生后有了颜色视觉，不过只能辨别红色和绿色，在 2～3 个月时能辨别基本的颜色；3 岁能认清基本颜色，但是对相似的颜色无法辨认。

听觉的发生发展：胎儿时期便有了听觉，他们听到一些噪声等会引起胎动。刚出生的婴儿喜欢听音调较高但是不尖锐的女性声音，尤其喜欢听妈妈的声音，例如哭闹的婴儿在听到妈妈的声音时会立刻安静下来，并看向妈妈；2 个月大的婴儿能够辨别同一个人的不同语调。

嗅觉和味觉的发生发展：在嗅觉方面，婴儿出生后便能闻到各种气味，例如让他们闻臭味，他们会把头扭开，表现出厌恶的表情；在出生后 4 天左右，他们能够通过乳房的味道辨认出自己的妈妈。在味觉方面，婴幼儿表现出明显的味觉偏好，更喜欢甜的味道，其他的味道会引起皱眉、皱鼻子、厌恶的表情。

触觉的发生发展：婴儿出生后最先获得的就是触觉，他们会通过自己的嘴巴、舌头、耳朵等去获得外界的信息，通过触觉探索周围事物。另外，婴儿一出生便有了痛觉，他们虽然不会说话，但是他们会通过自己的表情、动作等来表达疼痛，例如他们感到疼的时候会哭、会乱踢、面部会表现痛苦的神情。

（2）知觉的发展特点。知觉是指人脑对直接作用于感觉器官的客观事物的整体属性的反映，是通过整合各种感觉信息而产生的综合反映。婴幼儿知觉的发展呈现以下特点：

空间知觉的发生发展：空间知觉主要包括大小知觉、方位知觉、形状知觉。大小知觉主要反映的是事物的恒常性，0～6 个月的婴儿已经能够辨别大小，3 岁以后辨别大小的恒常性则会更加精确。方位知觉指的是对自身或物体所处方向的位置，如上、下、前、后、左、右，婴幼儿辨别方位的顺序为“上下—前后—左右”，一般至 3 岁左右时仅能辨别上下方位。形状知觉体现在辨别不同的形状上，婴儿在 3 个月时已经有了辨别简单形状的能力，9 个月左右时会获得形状恒常性，他们认识形状的顺序为“圆形—正方形—半圆形—长方形—三角形—梯形—菱形”。此外，婴幼儿对形状表现出明显的偏好，例如他们喜欢轮廓清晰的、复杂的、对称性的，喜欢人脸多于其他。

时间知觉的发生发展：时间知觉反映的是一种时间快慢、长短、先后的知觉。婴儿刚出生时对时间是没有意识的，而是通过自己的内部生理状态来反映时间，例如婴儿到点就会感到困倦，想睡觉。3 岁左右的幼儿开始有了最初的时间观念，但是仍然会与具体生活活动相联系，如问此时的幼儿“什么是‘早上’”，他可能会说“妈妈送我来幼儿园的时候是早上”。

2. 注意的发展特点

注意指的是心理活动对注意对象的指向性和集中性。指向性指的是在某一瞬间，心理活动只选择了其中的某一事物，而忽略了其他事物。集中性指的是心理活动不仅指向某一事物，而且还在这个事物上持续较长时间。我们主要将婴幼儿的注意分为无意注意和有意注意。

（1）无意注意的发展。无意注意指的是没有预定目的，不需要意志努力的注意。例如，正在上课时，外面传来了音乐声，我们会不由自主地把头转向外面。对于婴幼儿来说，他们以无意注意为主。

1个月左右的婴儿已经表现出明显的视觉偏好，例如喜欢色彩鲜艳的物体，喜欢注意妈妈的脸；2～3个月的婴儿表现出更喜欢复杂的刺激物，不规则的图形、曲线，轮廓密度较大的、对称的事物；4～6个月的婴儿的头部获得了发展，能够更容易地转动自己的头部，注意的信息源扩大；7～12个月的婴儿开始坐、立、行走，他们的活动范围逐步扩大，视野更加开阔，注意的事物更多；1～3岁的幼儿注意的发展开始受表象的影响、受语言的支配，同时注意的稳定性得到提高，2.5～3岁的幼儿最多能集中注意20～30分钟。

（2）有意注意的发展。有意注意指的是有预定目的，需要一定意志努力的注意。有意注意是由人脑的额叶控制的，婴幼儿额叶发育还不完善，所以仍以无意注意为主。随着婴幼儿大脑的发育和自控能力的发展，有意注意也开始萌芽，并逐步发展。

3. 记忆的发展特点

记忆是人脑对于过去经验的反映。婴幼儿的记忆发展表现出如下特点：

（1）记忆以无意记忆为主，有意记忆初步发展。2岁以前的婴幼儿以无意记忆为主，在记忆时没有明确的目的，通常对自己感兴趣的、特征明显的、色彩鲜艳的物体或动作等相关内容容易记忆，这些不需要婴幼儿专门去记忆；2岁以后的幼儿的语词增多，能够在不断的练习下记住一些简单的儿歌、故事等。

（2）记忆保持的时间逐渐延长，容量不断扩大。婴幼儿随着年龄的增长，记忆保持的时间也逐渐延长，大致趋势为：2个月左右的婴儿能保持24小时，3个月的婴儿能保持7天，6个月的婴儿能保持15天，18个月的婴儿能保持13周。此外，婴幼儿记忆的容量也随年龄的增长而不断扩大，例如13个月的幼儿能完成由3个简单动作组成的系列的再现，24个月的幼儿能记住5个步骤的顺序，30个月的幼儿能记住8个不同动作构成的顺序。①

4. 思维的发展特点

思维是人脑对客观现实间接的、概括的反映，它反映的是客观事物的本质及其规律性的联系。皮亚杰认为思维和言语真正产生的时间相同，即2岁左右，2岁之前是思维发生

① 周念丽．0～3岁儿童心理发展［M］．上海：复旦大学出版社，2017．

的准备时期。

皮亚杰将儿童的思维分为四个阶段，分别为感知运算阶段、前运算阶段、具体运算阶段、形式运算阶段。在 0～3 岁这个阶段，主要处于感知运算阶段和前运算阶段的萌芽时期。

在感知运算阶段（0～2 岁），0～1 个月的婴儿出现一些反射练习，他们出生后为了适应新的环境，便出现了无条件反射，例如用刺激物触碰婴儿的脸颊时，他会把头转向刺激物的一边，做出张嘴的动作，出现觅食反射。2～4 个月的婴儿出现了循环反应，表现为他们会重复一些偶发性的动作，例如婴儿在吸吮手指时发现有趣，便会一直重复做这个动作。5～8 个月的婴儿出现了刺激循环反应，在这个时期，婴儿已经可以站，并开始爬行，学会抓握，例如，当婴儿扔某个玩具后觉得重复这个行为特别有趣，便会不断地做出这个动作。9～12 个月的婴儿出现了手段与目的的分化协调，这个时期他们已经能够根据自己的目的做出一些动作，例如他们不断触碰眼前挂的玩具，可能是为了观看玩具摆动的样子。13～18 个月的幼儿出现了三级循环反应，这一阶段的幼儿已经不再局限于重复已有的动作，而是开始改变自己的动作观察，例如 18 个月左右的幼儿坐在床上想要拿距离自己较远的一个物体时，发现自己伸手够不着，他会改变自己的方式，去拉取床单，使物体离自己越来越近，从而拿到物体。19～24 个月的幼儿处于心理整合阶段，他们在这一阶段能通过词语、数字等抽象符号在记忆中对物体形成内部印象，例如他们会拿起自己的玩具，说玩具是某个物体，并做出相应的动作。

在前运算阶段（2～7 岁），2～3 岁的幼儿主要是有了一定的象征性思维，能进行一些简单的象征性游戏，例如他们会把玩具娃娃当作自己的宝宝。

三、婴幼儿语言发展

言语是我们与人交流、沟通的手段，0～1 岁是我们言语的准备期，我们从会发第一个音，到说第一个词，直至说第一句话，都要经历一个漫长的时期。我们一般将 0～3 岁分为两个阶段：第一个阶段为 0～12 个月，为前言语发展阶段；第二个阶段为 1～3 岁，为言语发展阶段。

（一）前言语发展阶段

新生儿的前言语交际在出生后不久便开始了，0～12 个月属于前言语发展阶段。在这一阶段，婴儿出现了语音偏好，他们更喜欢听母亲的声音；2 个月的婴儿能对不同的声音做出不同的反应，在 3 个月时能用微笑或动作等方式回应成人对他发出的行为；婴儿刚出生时会通过哭来表达自己的需求，例如婴儿如果感到饿了、疼痛或尿湿等情况，他们就会通过哭来表达。在3个月之前，婴儿会发出一些单音节音，如ai、o、i等，没有实质性的含义；4～9个月时婴儿能发出一些连贯性的音节，如ma、ba等；10～12个月可以发出更多的音，并且对话语有了初步的理解，例如成人让这一阶段的婴儿向别人再见时，他会做出挥手再见的动作。

（二）言语发展阶段

1～3岁的幼儿能够说出有意义的词，12～18个月的幼儿能够听懂并且理解很多词汇，但是对于词的理解存在窄化、特化等现象，例如幼儿会认为“奶奶”指的就是自己的奶奶，而面对别的老奶奶时他会感到茫然；19～24个月的幼儿能够更深一层地理解词汇，知道其他老人也可以叫奶奶，在这一阶段他们能够按要求指出身体部位，模仿单词，对请求做出回应，能说出一些物体的名称，此外他们能够说一些不完整的句子，如“宝宝喝水”，他们能够表达出自己的意思，但表现形式断续、简略，可称为“电报句”；2～3岁的幼儿词汇量增多，掌握将近1 000个词汇，并能够说一些完整的简单句，出现了复合句。

四、婴幼儿社会性-情感发展

在婴幼儿期，婴幼儿与父母的关系对孩子社会性-情感的发展是至关重要的。新生儿总是被认为是无助的，他们总是在被动地接受事物，其实新生儿在出生之后便通过自己的面部表情、肢体动作与他人交流，并在出生后的几年便有了独特的个性。

（一）0～6个月婴儿的社会性-情感发展

0～6个月的婴儿已经表现出明显的社会性-情感，在这方面有了一定的发展。沃瑟姆发展检核表中将该阶段的主要表现概括为：他们能专心地看一个人，对他人的谈话、微笑及触摸能够做出回应；当他们愉快、不愉快、渴望和满意时能发出声音；能发出咯咯的笑声；能调整自己的身体适应他人抱他的姿势，被抱起来之后会变得安静；他们会通过哭泣获得自己想要的物体，能通过视觉和听觉知道自己熟悉的人或事物。

（二）7～12个月婴儿的社会性-情感发展

随着婴儿年龄的增长，他们更喜欢社会型交往，这一阶段的社会性-情感发展是基于记忆的发展形成的，沃瑟姆发展检核表中将该阶段的主要表现概括为：他们开始出现了认生的表现，与家长分离时也表现出了分离焦虑；表现出对人、物体和地方的喜欢或不喜欢；和镜子中的影像玩；喜欢和他人玩游戏，会用动作和姿势去交流；明白“不”的含义。

（三）1~2 岁幼儿的社会性-情感发展

1 岁以后的幼儿，其身体动作和语言都得到了迅速的发展。沃瑟姆发展检核表中提出了该阶段幼儿的发展特点：出现了合作行为，能与保育员在游戏中进行合作，能为他人提供物体，并帮助别人完成任务，与他人交流时能用眼睛注视着发言者；他们能与成人或其他儿童进行情感互动、一起唱歌，在活动中能更长时间保持自己的兴趣。

（四）2~3 岁幼儿的社会性-情感发展

从 2 岁开始，幼儿逐渐学会如何成为社会团体中的一员，出现了基本的社交活动，此时的幼儿在游戏中与他人进行互动，由独自游戏或平行游戏转变为与他人更多的互动。此外，他们对自己的心理活动有了初步的认识，知道什么是“我想做”“我应该做”，并能调节自己的行为，对自己的行为进行监控，进行自我评价，有了自尊心。

第二节　婴幼儿的气质类型

气质类型指的是人的气质的不同类型，是人生来就具有的心理活动的典型而稳定的动力特征，是人格的先天基础。

我们一般所说的气质还是传统的气质类型，即胆汁质、多血质、黏液质、抑郁质。这是古希腊医生希波克拉底提出来的，他认为人体内有四种液体，这些液体的分布构成了人体的气质差异。有的人易激动，做事冲动，有干劲，爆发力强，是由于黄胆汁过多，所以称为“胆汁质”，如《水浒传》中的李逵。有的人变通能力强、适应能力好、善于交际，活泼开朗，这主要是由于人体内的血液过多，所以称为“多血质”，如《三国演义》中的曹操。有的人比较稳重、思维较慢，较安静，但是持久性较强，认真负责，这是由于人体内黏液过多，被称为“黏液质”，如《西游记》中的沙和尚。有的人敏感、忧郁、多愁善感、内心孤僻，这是由于体内的黑胆汁过多所致，被称为“抑郁质”，如《红楼梦》中的林黛玉。

什么是婴幼儿气质？这指的是婴幼儿出生后最早表现出来的一种较为明显而稳定的个人特征，是在任何社会文化背景下父母最先观察到的孩子的个人特点。托马斯、切斯等人将婴幼儿分为三种：易养型、难养型、迟缓型。

一、易养型婴幼儿

大多数婴幼儿属于这一类型，约占托马斯、切斯研究对象的40%。易养型婴幼儿指的是在出生后抚养较为容易，对各种教养方式都比较适应，很容易与父母建立和谐的亲子关系的婴幼儿。他们表现为生理机能有规律，情绪愉快，很容易适应环境，也容易接受不熟悉的人或物，父母在养育他们的时候也感到高兴。这类婴幼儿生活规律、情绪愉快，对成人的抚养活动提供大量的积极反馈，因而容易受到成人的关怀与喜爱。

二、难养型婴幼儿

这类婴幼儿的人数较少，约占研究对象的10%。难养型婴幼儿在养育的过程中存在一定的困难，表现出的特点为很容易大声哭闹，爱发脾气，很暴躁，不容易安抚，饮食睡眠等没有规律，对新的事物、人、食物接受都很难，成人养育过程中需要花费很大的精力。面对难养型婴幼儿，成人首先应该摆正自己的态度，不要太急，不要只是指责孩子，应该保持耐心，循序渐进地照护他们，使他们健康地适应社会。难养型婴幼儿在养育过程中需要成人给予极大的耐心和宽容，否则容易使亲子关系疏离。

三、迟缓型婴幼儿

在托马斯、切斯的研究中，约有15%的婴幼儿属于这一类型。迟缓型婴幼儿的活动水平较低，行为反应慢，有着消极情绪，适应环境的能力较差，适应的时间长，在接受新的事物、新的人时表现得特别胆小、忧虑。面对这一类型的婴幼儿，家长在养育时不要急于求成，一定要让婴幼儿按照自己的速度和方式去适应环境，如果成人给予他压力，他可能会朝相反的方向发展，形成逃避。父母可以创造一些机会让孩子多尝试，慢慢适应，多给予积极的鼓励。

以上三种类型只涵盖了研究对象约65%的婴幼儿，另外还有35%的婴幼儿不能简单地划归到上述任何一种气质类型中，他们往往具有上述两种或三种气质类型的混合特点，属于上述类型中的中间型或过渡（交叉）型。

每个孩子都是独一无二的，家长及教育者在进行教育时要采取有针对性的方式加以引导，既有利于孩子自身性格、人格的形成，也有利于父母消除育儿焦虑，形成良好的亲子关系。

第三节　常见婴幼儿发展评估量表简介

我国是世界人口大国，儿童数量也居于世界前列，他们的发育行为和心理健康与我国人口综合素质的发展息息相关。当前，世界卫生组织和联合国儿童基金会提出要重视儿童的早期发展，国际上也已经编制了一系列科学的儿童发展评估量表，本节主要介绍国内外几种常见的适合婴幼儿发展评估的量表。

一、丹佛发育筛查测验（DDST）①

丹佛发育筛查测验（Denver Developmental Screening Test，DDST）是美国弗兰肯堡（Frankenburg）与多兹（Dodds）编制的发育筛查量表，适用于测试 0～6 岁的婴幼儿，一般测试的时间为 15～20 分钟。

（一）量表的结构及测试工具

该量表共有 98 项条目，包括个人-社会、精细动作-适应性、言语、大运动四个能区。个人-社会反映了婴幼儿对周围人回应、料理自己生活的能力，如被大人逗笑等；精细动作-适应性反映了婴幼儿手眼协调等能力，如用手取物等；言语反映了婴幼儿言语接受、理解和表达的能力，如理解大人指示；大运动反映了婴幼儿坐立行走和跳跃等能力。

DDST 测验工具包括红色绒线球 1 个，直径约 10cm；葡萄干（或类似葡萄干大小的小丸）若干粒；有柄拨浪鼓 1 把；无色透明玻璃瓶 1 个；小铃铛 1 个；花皮球 2 个，直径分别为 7cm 和 10cm；正方形积木（边长 2.5cm）11 块，其中红色 8 块，蓝色、黄色、绿色各 1 块；红铅笔 1 支；白纸 1 张；语言测验卡片。

（二）量表的测试方法及评分标准

DDST 为现场测试，大部分项目由测试者通过现场观察儿童对测试项目的反应和完成情况进行评判，也有小部分项目由询问家长获得（筛查表中标有 R 的项目）。

测试时，需要根据受试儿童年龄在测试表上画出年龄竖切线，每个能区先测年龄线左侧的项目，至少三项，然后向右侧项目测查，直到测到年龄线通过的所有项目，因为项目难度是越靠右越难，所以每个项目可重测三次。询问家长的项目要详细问明儿童完成时的

① 杨玉凤．儿童发育行为心理评定量表［M］．北京：人民卫生出版社，2016．

具体情境和过程，尽可能还原实际情况，同时要避免暗示性的语言，早产和过期产儿年龄线不进行调整。

每个测试的项目都用一个横杆表示，横杆安排在一定的年龄范围之间，每个横杆上有4个点，分别代表25%、50%、75%、90%的正常儿童通过该项目的百分比。横杆上标有“R”的表示可以向家长询问，标有“1、2、3……”是提示测试时需要参考的注释。如图2－1所示。

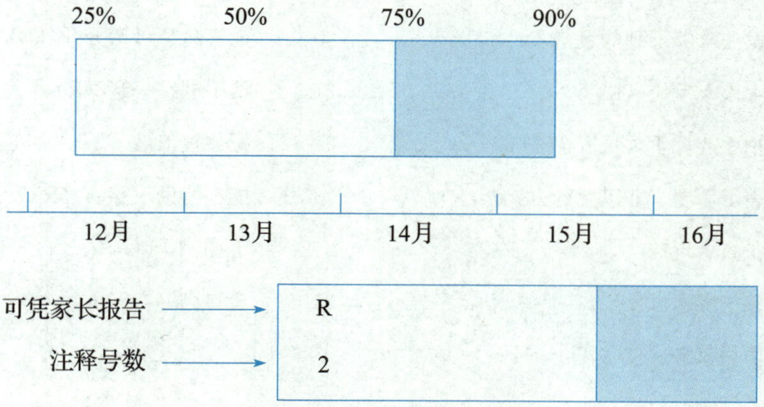

图2－1　DDST检查项目示意图

将测试结果标在项目横杆上，“P”表示通过，完成项目；“F”表示失败，没有完成项目；“R”表示不合作；“NO”表示儿童没有机会或没有条件做该项目。测试结果分为异常、可疑、无法判断、正常四种，具体标准为：

（1）异常：2个或2个以上能区，有≥2项迟缓；或1个能区有≥2项迟缓，同时另外1个或多个能区有1项迟缓，且同区年龄线切过的项目都未通过。

（2）可疑：1个能区有2项或更多迟缓；或1个或更多能区有1项迟缓，且同区年龄线切过的项目都未通过。

（3）无法判断：不合作项目、没有机会或条件做的项目过多者。

（4）正常：无上述情况者。

（三）量表条目

丹佛发育筛查测验是目前国际上公认的对儿童心理智能进行筛查测试的一种评价方法，该量表中的个人-社会、精细动作-适应性、言语、大运动四个能区有以下具体条目。

1. 个人-社会

个人-社会反映了婴幼儿对周围人回应、料理自己生活的能力，测试包括25项条目，如表2－1所示。

表 2-1 个人-社会量表条目

1	注意人脸	14	在家里会帮助做简单的事（R）
2	反应性微笑	15	会脱外衣、鞋、小裤（R）
3	自发的微笑	16	自喂狼藉少（R）
4	自己吃饼干	17	能玩需要交往的游戏和捉人游戏（R）
5	拒绝把玩具拿走	18	会洗手并擦干手（R）
6	躲猫猫游戏	19	会穿短袜、鞋或小裤（R）
7	会设法拿够不到的玩具	20	能容易与母亲分开（R）
8	见生人有反应（R）	21	两手握在一起（R）
9	玩拍手或挥手再见（R）	22	抓住拨浪鼓
10	会表示需要（非以哭的方式）（R）	23	能在协助下穿衣（R）
11	与检查者玩球	24	会扣扣子（R）
12	用杯子喝水（R）	25	会自己穿衣（R）
13	模仿做家务（R）		

2. 精细动作-适应性

精细动作-适应性反映了婴幼儿手眼协调等能力，测试包括 23 项条目，如表 2-2 所示。

表 2-2 精细动作-适应性量表条目

1	对称动作	13	从瓶中倒出小丸（示范的、自发的）
2	跟至中线、视线跟随 180°	14	自发乱画（R）
3	两手握在一起（R）	15	用积木搭两层塔、四层塔、八层塔
4	抓住拨浪鼓	16	模仿画直线
5	能注意葡萄干（或小丸）	17	模仿搭桥
6	能伸手够东西（R）	18	会挑较长线段三试三成
7	坐着会找线团	19	模仿画圆
8	坐着拿两块积木（R）	20	模仿画“+”形
9	把小丸拿到手（R）	21	模仿画方形
10	将积木在手中传递（R）	22	复制方形
11	将手中拿的积木对敲（R）	23	画人画三处、画六处
12	拇指、食指抓握		

3. 言语

言语反映了婴幼儿言语接受、理解和表达的能力，测试包括19项条目，如表2-3所示。

表2-3　言语量表条目

1	对铃声有反应	11	说出一张画的名字
2	会发语音而不是哭（R）	12	能完成3个方向性指示中的2个动作
3	出声笑	13	说出姓名（R）
4	尖声叫（R）	14	理解冷、累、饿
5	叫名字有反应	15	理解介词4个对3个
6	咿呀学语（R）	16	认识4种颜色中的3种（R）
7	说出“da-da、ma-ma”无所指、有所指（R）	17	会说出3个词中的2个反义词
8	除会说“da-da、ma-ma”外还会说其他3个词（R）	18	会对9个词中的6个下定义
9	会把2个不同的词组合起来（R）	19	能说出东西是什么做的
10	指出1个能说出名称的身体部分（R）		

4. 大运动

大运动反映了婴幼儿坐立行走和跳跃等能力，测试包括31项条目，如表2-4所示。

表2-4　大运动量表条目

1	俯卧抬头（R）	14	独站（R）
2	俯卧抬头45°	15	能弯下膝再站起来（R）
3	俯卧抬头90°	16	扶家具可走（R）
4	俯卧抬胸，手臂能支持	17	走得好（R）
5	坐时头部稳定	18	能向后退（R）
6	翻身（R）	19	会上台阶（R）
7	腿能支持一点重量	20	能踢球（R）
8	拉坐时头不滞后	21	能举手过肩扔球
9	在不被扶持时可独坐5秒	22	独脚能站一秒钟
10	能自己坐下（R）	23	双足并跳
11	扶东西能站（R）	24	能骑三轮脚踏车（R）
12	扶物能站起（R）	25	能跳远
13	瞬息能站起（R）	26	三次中有两次可以独足站立5秒钟

续表

27	三次中有两次可以独足站立 10 秒钟	30	三次中有两次脚跟对着脚尖向前走
28	独脚跳	31	三次中有两次脚跟对着脚尖退走
29	三次中有两次抓住蹦跳的球，检查者和儿童面对面站立（相距 90cm）		

（四）使用量表时的注意事项

（1）仔细阅读筛查和技术手册，严格按照标准进行测试、评价。

（2）测试过程中，检查者要观察儿童的行为、注意力、自信心、有无异常活动、与家长的关系、与检查者的配合情况等，并进行记录。

（3）使用量表规定的测试工具，不能随意更换或替代，测试工具损坏应及时照原样补充。

（4）DDST 筛查异常或可疑后，应及时复查或做进一步的检查。

（5）DDST 不是智力发展水平的测试，对儿童目前和将来适应环境能力、智力发展潜力无预测作用，不能替代诊断性评定。

二、Gesell 发育诊断量表①

Gesell 发育诊断量表（Gesell Development Schedule，GDS）是评估 0～6 岁儿童发育水平的心理测量工具，也是适用于评定 0～6 岁儿童智力残疾的标准化方法之一。

（一）量表的结构

Gesell 发育诊断量表分为 13 个关键年龄，即 4 周、16 周、28 周、40 周、52 周、18 月龄、24 月龄、36 月龄、42 月龄、48 月龄、54 月龄、60 月龄、72 月龄，共有 500 余个项目根据发育年龄的次序分布于各个年龄组中，根据发育的内容分布在 5 个能区中，即适应性行为（Adaptive Behavior）、大运动行为（Gross Motor）、精细动作行为（Fine Motor）、语言行为（Language）、个人-社交行为（Personal-social Behavior）。

（1）适应性行为：这是反映儿童发育整体状况最重要的能区，它涉及对刺激物的组织、相互关系的知觉、将刺激物的整体分解成它的组成部分，并将这些组成部分按有意义的方式再组成为整体。

（2）大运动行为：包括姿势反应、头的稳定、坐、站、爬、走等。

（3）精细动作行为：包括手和手指的抓握、紧握和操纵物体。

① 杨玉凤．儿童发育行为心理评定量表［M］．北京：人民卫生出版社，2016.

（4）语言行为：包括对别人语言的模仿和理解。

（5）个人-社交行为：包括儿童对他所居住的社会文化的个人反应。

Gesell 发育诊断量表测评时间需 40～120 分钟，时间长短与儿童的年龄、测试状态、发育水平均有关系。每名儿童均需测查完成 5 个能区。

（二）计算方法与评价标准

（1）计算方法：发育商（DQ）＝发育年龄（DA）/实际年龄（CA）×100。

（2）评价标准：发育商为 55～75，表示有轻度缺陷；发育商为 40～54，表示有中度缺陷；发育商为 25～39，表示有重度缺陷；发育商＜25，表示极重度缺陷。

（三）使用时的注意事项

（1）使用 Gesell 发育诊断量表测评对测试人员要求较高，需要由具备一定的儿科临床、儿童保健、儿童发育的经验或经历，且经过标准化培训并取得资格的医生完成。

（2）Gesell 发育诊断量表作为儿童发展水平的总体代表，其 5 个能区体现了儿童不同维度的水平，所以在分析时要针对每一维度进行具体分析。

三、0～3 岁婴幼儿发育量表①

0～3 岁婴幼儿发育量表是 20 世纪 80 年代由中国科学院心理研究所与中国儿童发展中心（现中国儿童中心）合作编制的婴幼儿发育诊断量表，于 1987 年完成全国常模。0～3 岁婴幼儿发育量表为个别测试，适用于 2 月龄至 3 岁儿童，量表测试平均时间约为 30 分钟，测试者必须经过培训，熟练掌握该量表所使用的材料和测验程序。

（一）量表结构

智力量表：包括婴幼儿感知觉、注意、记忆、认识能力的发展规律、语言发展规律、语言交流能力，共有 121 个项目。

运动量表：包括对身体的控制能力、全身运动的发展、大肌肉的协调、手及手指操作技巧的发展、手精细动作的发展规律等，共有 61 个项目。

（二）评分标准及结果分析

每通过一个项目得 1 分。测试完成后，分别得出智力量表和运动量表的原始分。规定每一年龄水平，平均值为 100 量表分，每增加或减少一个标准差为 16 量表分。分年龄组求出各年龄组的总量表平均数和标准差，根据公式：$100+[(X-\overline{x})/SD]\times 16$（$\overline{x}$

① 杨玉凤．儿童发育行为心理评定量表［M］．北京：人民卫生出版社，2016.

和 *SD* 分别为被试者所属年龄组总量表分平均数和标准差)，分别得出智力发育指数(Mental Developmental Index，MDI) 和运动发育指数 (Psycho-moter Developmental Index，PDI)，编制出各年龄组量表分的等值发育指数换算表。智力发育指数和运动发育指数都是一种指数或标准分，与"IQ"具有同样的数值特点。每一年龄组标准分的范围为 50～150，概括了智力发育指数和运动发育指数超过正负三个标准差的范围。一部分特殊儿童的总分有可能高于或低于量表的指数范围，此时，MDI 或 PDI 应写作"低于 50"或"高于 150"。

（三）量表的特点及注意事项

(1) 我国 20 世纪 80 年代即完成了量表的修订和标准化，对评定我国 0～3 岁儿童智能发育水平提供了一个有效的测试工具。

(2) 量表的得分具有识别作用，即通过被试儿童所得原始分数的百分位、标准分和年龄等值与常模组进行比较，旨在发现低于平均发育水平或明显异常的儿童。但这种识别更多的是基于儿童当前的表现而非将来的表现。

(3) 由于在量表测试项目中没有包括神经反射 (原始反射和病理反射) 及姿势反应方面的内容，故对有异常运动模式儿童的识别有局限性。

(4) 仅有一套城市常模，缺少农村常模，在使用时应注意。

四、0 岁～6 岁儿童发育行为评估量表①

《0 岁～6 岁儿童发育行为评估量表》(以下简称评估量表) 规定了 0～6 岁 (未满 7 周岁) 儿童发育行为评估量表的评估内容、测查方法、发育商参考范围以及量表的使用，适用于 0～6 岁 (未满 7 周岁) 儿童发育行为水平的评估，是评估儿童发育行为水平的诊断量表。

（一）量表结构

评估量表包括大运动、精细动作、语言、适应能力和社会行为五个能区。其中大运动能区指身体的姿势、头的平衡，以及坐、爬、立、走、跑、跳的能力；精细动作能区指使用手指的能力；语言能区指理解语言和语言的表达能力；适应能力能区指儿童对其周围自然环境和社会需要做出反应和适应的能力；社会行为能区指对周围人们的交往能力和生活自理能力。涉及 0～3 岁儿童的评估量表结构如表 2-5 所示。

---

① 中华人民共和国国家卫生健康委员会. 0 岁～6 岁儿童发育行为评估量表 [EB/OL]. (2017-10-26) [2022-05-31]. http://www.nhc.gov.cn/wjw/pqt/201710/8e070f8482144care97088668f0de25a.shtml.

表 2-5　0～3 岁儿童的评估量表结构

项目	1 月龄	2 月龄	3 月龄	4 月龄	5 月龄
大运动	□1 抬肩坐起头竖直片刻	□11 拉腕坐起头竖直片刻	□21 抱直头稳	□30 扶腋可站片刻	□40 轻拉腕部即坐起
	□2 仰卧头部翘起	□12 仰卧头抬离床面	□22 仰卧抬头 45°	□31 仰卧抬头 90°	□41 独坐头身前倾
精细动作	□3 触碰手掌紧握拳	□13 花铃棒留握片刻	□23 花铃棒留握 30 秒	□32 摇动并注视花铃棒	□42 抓住近处玩具
	□4 手的自然状态	□14 拇指轻叩可分开*	□24 两手搭在一起	□33 试图抓物	□43 玩手
适应能力	□5 看黑白靶*	□15 即刻注意大玩具	□25 即刻注意胸前玩具	□34 目光对视*	□44 注意小丸
	□6 眼跟红球过直线	□16 眼跟红球上下移动*	□26 眼跟红球 180°	□35 高声叫^{R}	□45 拿住一积木注视另一积木
语言	□7 自发细小喉音^{R}	□17 发 a、o、e 等母音^{R}	□27 笑出声^{R}	口 36 伊语作声^{R}	□46 对人及物发声^{R}
	□8 听声音有反应*	□18 听声音有复杂反应		□37 找到声源	
社会行为	□9 对发声的人有反应	□19 自发微笑^{R}	□28 见人会笑	□38 注视镜中人像	□47 对镜有游戏反应
	□10 眼跟踪走动的人	□20 逗引时有反应	□29 灵敏模样	□39 认亲人^{R}	□48 见食物兴奋^{R}
项目	**6 月龄**	**7 月龄**	**8 月龄**	**9 月龄**	**10 月龄**
大运动	□49 仰卧翻身^{R}	□59 悬垂落姿势*	□68 双手扶物可站立	□77 拉双手会走	□86 保护性支撑*
	□50 会拍桌子	□60 独坐直	□69 独坐自如	□78 会爬	□87 自己坐起
精细动作	□51 会撕揉纸张	□61 耙弄到小丸	□70 拇他指捏小丸	□79 拇食指捏小丸	□88 拇食指动作熟练
	□52 耙弄到桌上一积木	□62 自取一积木，再取另一块	□71 试图取第三块积木	□80 从杯中取出积木	
适应能力	□53 两手拿住积木	□63 积木换手	□72 有意识地摇铃	□81 积木对敲	□89 拿掉扣积木杯玩积木
	□54 寻找失落的玩具	□64 伸手够远处玩具	□73 持续用手追逐玩具	□82 拨弄铃舌	□90 寻找盒内东西
语言	□55 叫名字转头	□65 发 da-da、ma-ma 等，无所指^{R}	□74 模仿声音^{R}	□83 会欢迎^{R}	□91 模仿发语声^{R}
	□56 理解手势		□75 可用动作手势表达	□84 会再见^{R}	
社会行为	□57 自喂食物^{R}	□66 抱脚玩	□76 懂得成人面部表情	□85 表示不要^{R}	□92 懂得常见物及人名称
	□58 会躲猫猫	□67 能认生人^{R}			□93 按指令取东西

续表

项目	11 月龄	12 月龄	15 月龄	18 月龄	21 月龄
大运动	□94 独站片刻 □95 扶物下蹲取物	□103 独站稳 □104 牵一手可走	□112 独走自如	□120 扔球无方向	□128 脚尖走[R] □129 扶楼梯上楼
精细动作	□96 积木放入杯中	□105 全掌握笔留笔道 □106 试把小丸投小瓶	□113 自发乱画 □114 从瓶中拿到小丸	□121 模仿画道道	□130 水晶线穿扣眼 □131 模仿拉拉锁
适应能力	□97 打开包积木的方巾 □98 模仿拍娃娃	□107 盖瓶盖	□115 翻书两次 □116 盖上圆盒	□122 积木搭高 4 块 □123 正放圆积木入型板	□132 积木搭高 7～8 块 □133 知道红色
语言	□99 有意识地发 1 个字音[R] □100 懂得“不”[R]	□108 叫爸爸妈妈有所指[R] □109 向他/她要东西知道给	□117 会指眼耳鼻口手 □118 说 3～5 个字[R]	□124 懂得 3 个投向 □125 说 10 个字词[R]	□134 回答简单问题 □135 说 3～5 个字的句子[R]
社会行为	□101 会从杯中喝水[R] □102 会摘帽子	□110 穿衣知配合[R] □111 共同注意[R]	□119 会脱袜子[R]	□126 白天能控制大小便[R] □127 会用匙[R]	□136 能表示个人需要[R] □137 想象性游戏[R]
项目	24 月龄	27 月龄	30 月龄	33 月龄	36 月龄
大运动	□138 双足跳离地面	□146 独自上楼 □147 独自下楼	□156 独脚站 2 秒	□165 立定跳远	□174 双脚交替跳
精细动作	□139 穿过扣眼后拉线	□148 模仿画竖道 □149 会对拉锁	□157 穿扣子 3～5 个 □158 模仿搭桥	□166 模仿画圆 □167 会拉拉锁	□175 模仿画交叉线 □176 会拧螺丝
适应能力	□140 一页页翻书 □141 倒放圆积木入型板	□150 认识大小 □151 正放型板	□159 知道 1 与许多 □160 倒放型板	□168 积木搭高 10 块 □169 连续执行 3 个命令	□177 懂得“3” □178 认识两种颜色
语言	□142 说 2 句以上诗或儿歌 □143 说常见物用途（碗笔凳球）	□152 说 7～10 个字的句子 □153 理解指令	□161 说出 10 样图片 □162 说自己名字	□170 说出性别 □171 能分清“里”“外”	□179 说出 14 样图片 □180 发音基本清楚
社会行为	□144 会打招呼 □145 会问“这是什么?”[R]	□154 脱单衣或裤[R] □155 开始有是非观念	□163 来回倒水不洒 □164 女孩扔果皮	□172 会穿鞋 □173 会解扣子	□181 懂得“饿了、冷了、累了” □182 会扣扣子

注：标注 R 的测查项目表示该项目的表现可以通过询问家长获得。标注＊的测查项目表示该项目如未通过需要引起注意。测查用床规格：长 140cm×宽 77cm×高 143cm，栏高 63cm。测查用桌子规格：长 120cm×宽 60cm×高 75cm，桌面颜色深绿。测查用楼梯规格：上平台为由两梯相对合成的平台，长 50cm×宽 60cm×高 50cm（距地面高度）；底座全梯长 150cm（单梯底座长 75cm）；每一个阶梯面长 60cm×宽 25cm×高 17cm，共 3 阶梯；单侧扶栏长 90cm、直径 2.5cm，从梯面计算扶栏高 40cm、直径 2.5cm。

（二）测查工具

除评估量表外，主试者还需使用与评估量表配套的标准化测查工具箱，以及诊查床、围栏床、小桌、小椅、楼梯等测查工具。

（三）测查程序

1. 计算实际月龄

首先根据被试者的测查日期和出生日期计算出被试者是几岁几月零几日，再把岁和日换算为月，以月龄为单位，月龄保留一位小数。

日换算成月为 30 天＝1.0 个月，岁换算成月为 1 岁＝12.0 个月。

2. 标记主测月龄

与实际月龄最接近的月龄段为主测月龄，在主测月龄前用△标记，主测月龄介于评估量表两个月龄段之间的，视较小月龄为主测月龄。早产儿也按照实际月龄进行标记，无须矫正月龄。

3. 测查启动与结束

主测月龄为启动月龄，先测查主测月龄的项目，无论主测月龄的某一能区的项目是否通过，需分别向前和向后再测查 2 个月龄，共 5 个月龄的项目。

向前测查该能区的连续 2 个月龄的项目均通过，则该能区的向前测查结束；若该能区向前连续 2 个月龄的项目有任何一项未通过，需继续往前测查，直到该能区向前的连续 2 个月龄的项目均通过为止。

然后从主测月龄向后测连续 2 个月龄的项目，若向后测查的该能区的连续 2 个月龄的项目均不能通过，则该能区的向后测查结束；若该能区向后连续 2 个月龄的项目有任何一项通过，需继续往后测查，直到该能区向后的连续 2 个月龄的项目均不通过为止。

所有能区均应按照上述要求进行测查。

4. 记录方式

测查通过的项目用〇表示，不通过的项目用×表示。

（四）结果计算

1. 各能区计分

1～12 月龄：每个能区 1.0 分，若只有一个测查项目，则该测查项目为 1.0 分；若有两个测查项目则各为 0.5 分。

15～36 月龄：每个能区 3.0 分，若只有一个测查项目，则该测查项目为 3.0 分；若有两个测查项目则各为 1.5 分。

2. 计算智龄

把连续通过的测查项目读至最高分（连续两个月龄通过则不再往前继续测，默认前面的全部通过），不通过的项目不计算，通过的项目（含默认通过的项目）分数逐项加上，为该能区的智龄。

将五个能区所得分数相加，再除以 5 就是总的智龄，保留一位小数。

3. 计算发育商

发育商是用来衡量儿童心智发展水平的核心指标之一，是在大运动、精细动作、认知、情绪和社会性发展等方面对儿童发育情况进行衡量，其计算公式为：

$$发育商=\frac{智龄}{实际年龄}\times 100$$

发育商参考范围：＞130 为优秀，110～129 为良好，80～109 为中等，70～79 为临界偏低，＜70 为智力发育障碍。

本章小结

本章主要介绍了婴幼儿身心发展的特点及影响因素，了解了婴幼儿的身体动作、认知、言语、社会性-情感方面的发展，并针对每个年龄段的婴幼儿对其进行适当的训练，促进孩子的发展。另外，介绍了婴幼儿的气质类型，帮助家长及教育者更加清楚地了解孩子，能够在生活中采取正确的教育方式，帮助他们形成良好的气质人格。最后介绍了几种常见的婴幼儿发展评估量表，为了解孩子的发展水平提供了科学化的依据。

同步练习

一、选择题

1. 婴幼儿身体动作发展的一般规律包括（　　）。

A. 大小规律　　B. 远近规律　　C. 无有规律　　D. 粗细规律

2. 孩子在（　　）时能基本熟练地上楼梯。

A. 1.5 岁　　B. 2 岁　　C. 2.5 岁　　D. 3 岁

3. 3 岁左右的幼儿能辨别（　　）方位。

A. 上下　　B. 左右　　C. 前后　　D. 上述所有

4. 婴幼儿的气质类型常分为（　　）。

A. 易养型　　B. 困难型　　C. 迟缓型　　D. 上述所有

二、判断题

1. 婴幼儿喜欢音调高并且尖锐的声音。（　　）

2. 8～12 个月是手段与目的的分化协调阶段。（　　）

3. 1.5～2 岁的孩子出现“电报句”。（　　）

4. 使用 DDST 量表进行测试时，如果发现异常，无须进行重新测查。（　　）

5. 我们在使用量表时可以拿来使用，不需要熟悉量表的具体项目。（　　）

三、简答题

1. 请简述婴幼儿动作发展的规律。

2. 请简述婴幼儿注意发展的特点。

3. 简要说明 DDST 量表的使用方法。

四、思考题

1. 请你根据婴幼儿认知发展的感知觉、注意、记忆的特点，从其中任选一个主题，设计一个亲子游戏活动。

2. 尝试选择一种婴幼儿发展评估量表对身边的小朋友进行测查。

第三章　婴幼儿常见疾病照护

学习目标

知识目标

1. 了解婴幼儿常见疾病的概念。
2. 了解婴幼儿常见疾病的症状、病因及防治措施。

能力目标

1. 掌握基本的婴幼儿疾病护理技术。
2. 能够正确开展婴幼儿常见疾病照护。

素养目标

1. 通过学习婴幼儿疾病照护知识，提高学生对婴幼儿的照护能力。
2. 通过了解常见疾病及照护的注意事项，培养学生热爱婴幼儿、关心婴幼儿的教师素质。

案例导入

一场悲剧

沈先生的孩子小鹏（化名）今年四周岁，在某幼儿园小一班就读。6 月 4 日，小鹏突然发烧，7 日被医院判定为重症手足口病，三天后的 6 月 10 日经抢救无效离世。沈先生做梦也没想到，小鹏的病情会急转直下得这么快，直到最后停止了心跳。在医院出具的疾病诊断证明上写道，小鹏是危重症手足口病引起了病毒性脑炎、神经源性肺水肿，最终导致呼吸衰竭、心脏功能衰竭。

问题：如果你是一位婴幼儿保教从业者，你可以怎样帮助家长预防此类悲剧的发生？

第一节　常见疾病与预防

一、常见呼吸道疾病

（一）扁桃体炎

扁桃体炎是咽部扁桃体发生急性或慢性炎症的一种病症，为婴幼儿时期常见病。

位于咽部的扁桃体是人体重要的免疫器官，1 岁以前扁桃体还未充分发育，1 岁后逐渐增大，4～10 岁达到高峰，14～15 岁逐渐退化，因此扁桃体炎多见于学龄前和学龄儿童。儿童单纯的扁桃体肿大为生理性肥大，无发热和咽痛，无充血，无脓性分泌物，这是正常现象，不必治疗。

1. 病因

常见为细菌和病毒混合感染。

2. 临床表现

（1）急性扁桃体炎：婴幼儿患扁桃体炎时全身的感染症状明显，主要表现为高烧，可达 39～40℃。有些婴幼儿可因高热而引起惊厥，同时伴有寒战、全身乏力、咽痛、头痛、全身痛、食欲不振甚至吞咽困难。检查咽部时可见扁桃体红肿，表面有淡黄色或白色的脓点，下颌淋巴结肿大。细菌感染者可见血白细胞增多。

（2）慢性扁桃体炎：有急性扁桃体炎反复发作史，发病多在春秋季，当身体受凉、疲劳、抵抗力下降时会发作，婴幼儿发病率较高。表现为咽部不适，有轻度梗阻感或异物感，咽喉疼痛不明显。检查时可见咽部和扁桃体潮红，扁桃体大小不等，表面不平，有黄色分泌物。偶尔有低热及食欲不佳等现象。扁桃体肥大可造成呼吸困难，特别是睡眠时，因舌头松弛后倒，致使鼾声如雷，天长日久会因慢性缺氧而影响生长发育，慢性缺氧还会使婴幼儿的智力发育受到影响。

3. 治疗

（1）急性扁桃体炎的治疗主要是控制感染，可使用抗生素，对高热者可让其服解热镇痛药。中医治疗可服用具有清热解毒利咽作用的中成药。患者应注意休息、多饮水、进流质饮食。

（2）慢性扁桃体炎的治疗可采取综合性措施，包括增强体质和免疫力，进行中医中药治疗。必要时可进行手术摘除扁桃体，但应严格掌握适应证与禁忌证。慢性扁桃体炎患儿有以下情况，可考虑切除扁桃体。

1）化脓性扁桃体炎反复发作，扁桃体周围曾脓肿，炎症波及邻近器官，经常发生中耳炎和颈淋巴结炎，扁桃体上常见酪状分泌物。

2）扁桃体重度肥大，妨碍呼吸、吞咽和发音，入睡打鼾，影响睡眠。

3）慢性扁桃体炎引起风湿热、肾炎等疾病。

4）慢性扁桃体炎引起长期低热、食欲减退，影响婴幼儿的生长发育。

4. 预防

（1）加强锻炼，增强体质，特别是冬季，要让婴幼儿多参与户外活动，使身体对寒冷的适应能力增强，减少扁桃体发炎的机会。

（2）注意口腔卫生，保持口腔清洁，多喝水，吃东西后要漱口。

（3）不要带婴幼儿到人口密集场所。

（4）平时要注意加强饮食营养，提高机体抵抗力。

（二）急性上呼吸道感染

急性上呼吸道感染是由各种病因引起的上呼吸道炎症，简称上感，是婴幼儿的常见疾病。该病侵犯鼻、鼻咽和喉部。

1. 病因

各种病毒或细菌均可引起，但90%以上的病毒主要为鼻病毒、呼吸道合胞病毒、流感病毒等。病毒感染后可继发细菌感染。

2. 临床表现

由于婴幼儿年龄大小、体质强弱及病变部位的不同，病情的缓急、轻重程度不同，年长儿一般症状较轻，年幼儿一般则较重。

（1）局部症状：鼻塞、流涕、打喷嚏、干咳等，多于3～4天内自然痊愈。

（2）全身症状：发热、烦躁不安、头疼、全身不适、乏力等。部分患儿有食欲不振、呕吐、腹泻、腹痛等消化道不适症状。腹痛多为在脐周产生阵发性疼痛，不压也痛，可能为肠痉挛所致。

（3）体征：体检可见咽部充血，扁桃体肿大。有时可见下颌和颈淋巴结肿大。肺部听诊一般正常。

（4）并发症：以婴幼儿为多见，可引起中耳炎、鼻窦炎、支气管炎和肺炎等。年长儿若患A组溶血性链球菌咽峡炎可引起急性肾小球肾炎和风湿热。

3. 治疗

（1）一般治疗：对病毒性上呼吸道感染的婴幼儿，要防止交叉感染及并发症。应注意休息，保持良好的周围环境，多饮水和补充适量维生素C等。

（2）抗感染治疗：遵医嘱服用抗病毒感染药物、抗生素。

（3）对症治疗：高热可用冷敷、温湿敷或酒精擦浴降温。发生高热惊厥者可给予镇静止惊等处理。咽痛可含服咽喉片。中成药亦有较好的效果。

4. 预防

主要是加强体格锻炼，加强营养，增强抵抗力。避免去人多拥挤的公共场所。室内每日开窗通风，要勤洗手。

（三）急性支气管炎

急性支气管炎是指由于各种病原体引起的支气管黏膜炎症，由于气管常同时受累，故称为急性支气管炎。这是婴幼儿时期常见的呼吸道疾病。

1. 病因

病原为各种病毒或细菌，或为二者混合。能引起上呼吸道感染的病原体都可引起支气管炎。免疫功能低下、特异性体质、营养障碍、佝偻病和支气管局部结构异常等均为产生本病的危险因素。

2. 临床表现

大多患儿先有上呼吸道感染症状，之后以咳嗽为主要症状，开始为干咳，以后有痰。婴幼儿症状较重，常伴有发热、呕吐和腹泻等。一般无全身症状。双肺呼吸音粗糙，可有不固定的散在的干啰音和湿啰音。

婴幼儿可发生一种特殊类型的支气管炎，称为哮喘性支气管炎，泛指一组有喘息表现的婴幼儿急性支气管感染。除上述临床表现外，其特点为：

（1）多见于3岁以下婴幼儿，常有湿疹或其他过敏史。

（2）有类似哮喘的表现，如呼气性呼吸困难。

（3）部分病例复发，大多与感染有关。

（4）预后大多良好，到3～4岁发生次数减少，但少数可发展为哮喘。

3. 治疗

（1）一般治疗：同急性上呼吸道感染。另外要经常变换体位，多饮水，使呼吸道分泌物易于咳出。

（2）控制感染：由于病原体多为病毒，一般不采用抗生素。怀疑有细菌感染者则可用抗生素，如系支原体感染，则应予以大环内酯类抗生素。

（3）对症治疗：如咳嗽较重可服用儿童适用的止咳糖浆；止喘，对喘憋严重者可用雾化吸入或口服平喘药物；抗过敏。

(四) 支气管肺炎

肺炎是指不同病原体或其他因素等所引起的肺部炎症。

1. 病因

支气管肺炎是婴幼儿时期最常见的肺炎，2 岁以内婴幼儿多见。一年四季均可发病，多发生于冬春寒冷季节及气候骤变时。室内居住拥挤、通风不良、空气污浊、致病微生物较多时，易发生肺炎。此外，营养不良、维生素 D 缺乏性佝偻病、先天性心脏病等并发症及出生体重低的婴幼儿均易发生本病。

最常见的是细菌或病毒感染，也可由细菌、病毒“混合感染”。病原体常由呼吸道侵入，少数由血液进入肺。

2. 临床表现

主要临床表现为发热，咳嗽，气促，呼吸困难和肺部固定性中、细湿啰音。重症患者可累及循环、神经、消化系统而出现相应的临床表现，如中毒性脑病、中毒性肠麻痹等。2 岁以内的婴幼儿发病多数较急，发病前数日多先有上呼吸道感染症状。

3. 主要症状

(1) 发热：热型不稳定，多为不规则发热。

(2) 咳嗽：较频繁，早期为刺激性干咳，极期咳嗽反而减轻，恢复期咳嗽有痰。

(3) 气促：多在发热、咳嗽后出现。

(4) 全身症状：精神不振、食欲减退、烦躁不安、轻度腹泻或呕吐。

4. 体征表现

(1) 呼吸增快：40～80 次/分，可见鼻翼扇动和三凹征（锁骨、胸骨上凹，肋间隙凹，剑突下凹）。

(2) 肺部啰音：早期不明显，呼吸音粗糙、减低，以后可闻及较固定的中、细湿啰音。

(3) 重症肺炎的表现：由于严重的缺氧及毒血症，除呼吸系统改变外，可发生循环、神经和消化系统功能障碍。

5. 治疗

采用综合治疗，原则为控制感染、改善通气功能、对症治疗、防止和治疗并发症。

(1) 一般治疗及护理：室内空气流通，温度 18～20℃、湿度 60%为宜。给予营养丰富的饮食。

（2）抗感染治疗：抗生素治疗，明确为细菌感染或病毒感染继发细菌感染者应使用抗生素；抗病毒治疗。

（3）对症治疗。

（五）支气管哮喘

支气管哮喘是一种常见的慢性呼吸道疾病，是一种由多种因素引起的复杂疾病。近年来，在托育机构中哮喘婴幼儿有上升趋势，主要是气道的炎症引起反复发作性的喘息、呼吸困难、胸闷或咳嗽，夜间和清晨加剧。①

1. 发病情况

（1）各年龄患病率及发病年龄：很多哮喘自动发病，并且发病年龄也在逐渐提前。我国流行病调查表明，哮喘的患病率以1～6岁较高。

（2）发作类型：哮喘发作类型分缓慢发作和突然发作两种。发作时间多为中半夜，以不规则发作为主，其次为临睡及清晨时。哮喘发作症状中有眼痒、鼻痒、打喷嚏等症状，其中不少为过敏性鼻炎症状。哮喘发作最主要的症状是咳嗽，约有半数症状有呼气延长和呼吸困难现象，在肺部听呼气有哮鸣音。

2. 发病因素

（1）遗传因素：婴幼儿哮喘有较明显的遗传倾向，起病越早遗传倾向越明显。目前大多数学者认为，哮喘是一种多因子遗传病，其遗传度在70%～80%。哮喘是婴幼儿常见的变态反应性疾病，与其过敏性体质有关。哮喘婴幼儿常伴有个人过敏性疾病史，其中以婴幼儿湿疹、过敏性鼻炎和荨麻疹为主。

（2）感染因素：婴幼儿哮喘发作常与呼吸道感染有关。有报道称婴幼儿哮喘70%以上是由呼吸道感染而诱发。哮喘发作与病毒性呼吸道感染关系密切，婴幼儿患病常与RSV病毒和流感病毒感染有关，较大儿童患病与鼻病毒和流感病毒有关。病毒感染还能导致哮喘持续。当感染消除以后，婴幼儿如有其他病毒感染又可激发哮喘反复发作。另外，支原体等感染也可引起哮喘发作。

（3）吸入物因素：分为特异性（抗原性）和非特异性（非抗原性）物质两种。前者如花粉、尘螨、霉菌、动物毛屑和吸入性药物等，后者如工业刺激性气体、烹调时的油烟味等。季节性发作以花粉、尘螨、霉菌为主，非季节性发作与居住环境、接触物有关。

（4）气候变化因素：气温的突然变化不仅会使呼吸道感染增多而且会诱发哮喘发作。华东地区每年4月下旬至5月下旬气温变化较大，哮喘发作人数会明显增加。哮喘最易发

① 孟庆轩，陈卫兵．呼吸系统常见病防治［M］．北京：中国社会出版社，2011.

作时的日均气温是21℃，空气温度、大气压强和空气离子的变化等都可诱发哮喘发作，这是某些过敏原或其他非致敏原与气象因素综合作用的结果。

（5）饮食与运动因素：部分患儿可因食物过敏诱发哮喘发作，婴幼儿的食物过敏情况高于成人，尤其是具有特殊性体质的婴幼儿。婴儿期食物过敏以牛奶最多，牛乳喂养的婴儿过敏性疾病发作情况比母乳喂养者多见。一般认为食物过敏现象可随年龄增长而逐渐减少乃至消失。食品过甜、过咸或过酸，都可能使某些患儿诱发哮喘。

运动性哮喘常发生于活泼好动的婴幼儿，尤其是已患哮喘的婴幼儿更易因运动及放声大笑等而诱发。凡在运动后有哮鸣、咳嗽、胸闷或不能耐受大运动量者皆可怀疑有哮喘，须进一步做肺部功能检查。

3. 婴幼儿哮喘的社会经济问题

哮喘的反复发作，对患者、家属的身心，乃至经济以及整个社会所造成的影响已引起全世界的关注。

哮喘婴幼儿与正常婴幼儿相比，较少参加体育活动，学习成绩相对较差，社会适应能力较弱，交朋友困难，感觉孤单，生活较多不愉快。在精神心理状态方面，哮喘婴幼儿较多表现为沮丧、易怒、紧张、睡眠障碍和头晕。有的研究发现情绪低落是哮喘发病的危险因素之一，哮喘发作率的增高与高度焦虑及情绪波动有关。

4. 婴幼儿哮喘诊断标准

（1）年龄 3 岁以下，喘息次数超过 3 次。

（2）发作时双肺呼气伴有哮鸣音，呼气延长。

（3）具有特应性体质，如过敏性湿疹、过敏性鼻炎等。

（4）父母及亲属中有哮喘病史等。

（5）有其他引起喘息的疾病。

凡具有以上（1）、（2）、（5）三条标准即可诊断为哮喘。如喘息发作 2 次，并具有（2）、（5）两条标准，可诊断为可疑哮喘或喘息性支气管炎。如同时具有（3）或（4）标准时，可考虑给予哮喘诊断。

5. 婴幼儿哮喘的防治

（1）皮质激素是目前最受肯定的抗炎药物，在发作时采取吸入法。它是局部的气道用药，长期应用副作用较小，可以预防哮喘发作。

（2）哮喘发作时可用支气管扩张剂。①

---

① 何慧华．0～3 岁婴幼儿保育与教育［M］．上海：上海交通大学出版社，2013.

二、营养性疾病

（一）营养性缺铁性贫血

营养性缺铁性贫血是由体内铁缺乏导致血红蛋白合成减少所致。

1. 病因

（1）铁摄入不足：这是缺铁性贫血的主要原因。人乳、牛乳、谷物中含铁量均低，如不及时添加含铁较多的辅食，容易发生营养性缺铁性贫血。

（2）生长发育因素：婴幼儿生长发育较快时，如不及时添加含铁丰富的食物，则容易缺铁。

（3）铁的吸收障碍：食物搭配不合理可影响铁的吸收。慢性腹泻不仅会使铁的吸收不良，而且会使铁的排泄也增加。

（4）铁的丢失过多：长期慢性失血可致缺铁，如肠息肉、寄生虫病等可致慢性失血。

2. 临床表现

（1）一般表现：皮肤黏膜逐渐苍白，以唇、口腔黏膜和手指甲甲床较明显。易疲乏，无力，不爱活动。年长儿可诉头晕、眼前发黑、耳鸣等。

（2）髓外造血表现：由于髓外造血，肝脾可轻度肿大；年龄愈小，病程愈久，贫血愈重，肝脾肿大愈明显。

（3）非造血系统症状：

1）消化系统症状，表现为食欲减退，少数有异食癖、呕吐、腹泻。

2）神经系统症状，表现为烦躁不安或萎靡不振、精神不集中、记忆力减退，智力多数低于同龄儿。

3）心血管系统症状，表现为心率增快，心脏收缩期有杂音。

3. 实验室检查

血红蛋白降低比红细胞数减少明显，90～110 克/升为轻度贫血，60～90 克/升为中度贫血，30～60 克/升为重度贫血，30 克/升以下为极重贫血。

4. 治疗原则

主要为去除病症和补充铁剂。

（1）饮食治疗：给予补充含铁丰富的食品。

（2）药物治疗：口服铁剂，铁剂是治疗缺铁性贫血的特效药，若无特殊原因，应采取口服法。二价铁盐容易吸收，临床常用口服的铁剂有硫酸亚铁、葡萄糖酸亚铁等。口服铁剂的剂量为每日铁元素 1～2 毫克/千克体重，分 3 次口服，以两餐之间口服为宜，同时服用维生素 C，可增加铁的吸收。牛奶、茶、咖啡与铁剂同服均可影响铁的吸收。

轻度贫血的患儿可以采取调整饮食的治疗方法。在原来饮食的基础上注意补充优质蛋白和增加含铁丰富的食物，如猪肝、动物血、瘦肉等，使每日供给的蛋白质、铁和热量均高于正常饮食，并给予新鲜的绿色蔬菜和水果，直至消除贫血现象。

（二）蛋白质、能量缺乏性营养不良

蛋白质、能量缺乏性营养不良是由于缺乏能量和（或）蛋白质所致的一种营养缺乏症，临床上以体重明显减轻、皮下脂肪减少和皮下水肿为特征，常伴有各器官系统的功能紊乱。

1. 病因

营养摄入不足，消化吸收不良，需要量增加；长期患病或手术后，需要量增加。

2. 临床表现

体重不增是营养不良的早期表现。患儿主要表现为消瘦，皮下脂肪逐渐减少甚至消失，皮肤干燥、苍白，皮肤逐渐失去弹性。早期表现为体重不增，随后体重减轻，活动减少；进一步发展为皮下脂肪逐渐变薄、消失，肌肉松弛、萎缩，皮肤、毛发干枯、失去弹性；当病情加重时，身高增长迟缓，水肿，反应迟钝，智力落后，抗病能力下降。

3. 诊断

（1）体重低下：患儿体重低于同年龄、同性别参照人群值的中位数 2 标准差，如在中位数 2～3 标准差之间为中度；在中位数 3 标准差以下为重度。

（2）生长迟缓：患儿身长低于同年龄、同性别参照人群值中位数 2 标准差，如在中位数 2～3 标准差之间为中度；在中位数 3 标准差以下为重度。

（3）消瘦：患儿体重低于同性别、同身高参照人群值的中位数 2 标准差，如在中位数 2～3 标准差之间为中度；在中位数 3 标准差以下为重度。

4. 治疗

（1）处理危及生命的并发症。

（2）祛除病因：在查明病因的基础上，积极治疗原发病。

（3）调整饮食，促进消化，提倡科学喂养。轻度营养不良治疗时，热能、蛋白质、脂肪从低值开始，逐步递增到常量；中度营养不良起点量稍低一些；重度营养不良消化功能差，应从极少量开始。

（4）给予促进消化吸收的药物，并注意补充锌、铁，也可采用中医推拿方法。

（三）维生素缺乏

维生素是维持人体正常物质代谢和某些特殊生理功能不可缺少的低分子有机化合物，主要参与各种酶的组成。

造成维生素缺乏的主要原因：膳食中维生素含量不足，贫困、膳食单调、偏食等因素可使膳食中摄入维生素的量不能满足机体的需求。体内吸收障碍，如肠蠕动加快，吸收面积减少，长期腹泻等因素使维生素的吸收、储存减少。排出增多，可因授乳、大量排汗、长期大量使用利尿剂等使维生素排出增多。因药物等作用使维生素在体内加速破坏。生理和病理需要量增多。食物加工烹调不合理使维生素大量破坏或丢失。

预防维生素缺乏的措施：提供平衡膳食；根据人体的生理、病理情况及时调整维生素供给量；及时治疗影响维生素吸收的肠道疾病；食物加工烹调要合理，尽量减少维生素的损失。

1. 维生素 A（VA）

维生素 A（VA）又名视黄醇，与类胡萝卜素一样对热、酸、碱稳定，一般加工烹调方法不会引起破坏，但易被氧化，高温与紫外线可促进这种氧化。

（1）生理功能：参与视网膜视紫质的合成与再生，维持正常的暗适应能力，维持正常视觉；促进蛋白质的生物合成和骨细胞的分化，促进机体的生长和骨骼的发育；免疫蛋白也是糖蛋白，其合成与 VA 有关，故有增加机体抗感染的作用；VA 可促进上皮细胞的正常分化并控制其恶变，从而有防癌作用。

（2）VA 缺乏症：由 VA 和 VA 原（VA 的前体）摄入不足所引起的营养缺乏病，临床上首先表现为适应能力降低，进一步发展可形成夜盲症。另外，皮肤基底细胞增生和过度角化，特别是毛囊口角化为毛囊丘疹（多发生在四肢伸肌表面、肩部、颈部、背部、臀部的毛囊周围）；汗腺、皮脂腺萎缩，皮肤干燥，毛发干枯脱落，结膜角化，泪腺分泌减少，形成眼干燥症，进一步发展可出现角膜溃疡、穿孔，失明，还可能出现结膜皱褶和毕脱斑；骨骼发育受阻，免疫和生殖功能下降。

（3）食物来源：天然 VA 只存在于动物体内。动物的肝脏、鱼肝油、奶类、蛋类和鱼卵是 VA 的主要来源。VA 原类胡萝卜素，广泛分布于植物性食品中，其中最重要的是 B-胡萝卜素。红色、橙色、深绿色植物性食物中含有丰富的胡萝卜素，如胡萝卜、红心甜薯、菠菜、杏、杧果等。

2. 维生素 D（VD）

维生素 D（VD）是所有具有胆钙化醇生物活性的类固醇统称。其中 VD_2（麦角钙化醇或钙化醇）与 VD_3（胆钙固醇或胆钙醇）是最重要的。VD_2 与 VD_3 结构相似、功能相同，皆为脂溶性维生素，对热、氧、酸、碱均较稳定，主要区别在于两者的来源不同，VD_2 来源于植物，大多数植物中含有微量的麦角固醇，植物叶暴露于日光后形成 VD_2，VD_3 来源于动物，人与动物皮肤中的 7-脱氢胆固醇经紫外线照射后即可转变成 VD_3，然后运往肝、肾转化为具有生物活性的形式，再发挥其重要生理功能。

（1）生理功能：VD 对骨骼形成极为重要，其主要功能是调节钙和磷代谢，促进小肠对钙和磷的吸收与利用，构成健全的骨骼与牙齿。

（2）VD 缺乏症：VD 与机体内钙、磷的代谢密切相关，故当 VD 缺乏时，婴幼儿易发生佝偻病，成人易出现骨软化症和骨质疏松症。佝偻病常在婴幼儿中发生，因骨骼的软骨连接处及骨骼部位增大，临床上可见到方颅、肋骨串珠、鸡胸；由于骨质软化，承受较大压力的骨骼部分发生弯曲变形，如脊柱弯曲，下肢弯曲，还可发生囟门闭合迟缓，胸腹之间形成哈里逊沟。

（3）VD 过多症：VD 可以在体内蓄积，过多摄入可以引起 VD 过多症。成人每日摄入 2 500 微克，婴幼儿每日摄入 500～1 250 微克，数周后即可发生中毒，表现为头痛、厌食、恶心、口渴、多尿、低热、嗜睡、血清中钙磷增加、软组织钙化，可出现肾功能衰竭、高血压等症状。停止摄入 VD 数周后可恢复正常。

（4）食物来源：VD_3 含量最丰富的食物为鱼肝油、动物肝脏和蛋黄，牛奶与其他食物中 VD_3 的含量较少。VD_2 来自植物食品，一般来说，人只要能经常接触阳光，在一般膳食条件下，不会造成 VD 缺乏。以牛奶为主食的婴儿，应适当补充鱼肝油，并经常接受日光照晒，这样有利于生长发育。

3. 维生素 E（VE）

维生素 E（VE）是所有具有 a-生育酚生物活性的色酮衍生物的统称，对热与酸稳定，对碱敏感，可缓慢地被氧化破坏。

（1）生理功能：VE 具有很强的抗氧化作用，能阻止不饱和脂肪酸受到过氧化作用的损伤，从而维持着不饱和脂肪酸较多的细胞膜的完整性和正常功能；由于预防了脂质过氧化，从而消除了体内其他成分受到脂质过氧化物的损害。因此，具有延缓衰老、预防大细胞性溶血性贫血作用。

（2）食物来源：各种植物油（麦胚油、玉米油、花生油、芝麻油）、谷物的胚芽、多数绿色植物、肉、奶油、奶、蛋等都是 VE 良好或较好的来源。

4. 维生素 B（VB）

维生素 B（VB）又称硫胺素，在高温时，特别是在高温碱性溶液中，非常容易被破坏，并易受紫外线破坏，在酸性溶液中，稳定性较好，甚至加热时也是稳定的。

（1）生理功能：VB是脱梭辅酶的主要成分，参与碳水化合物代谢中丙酮酸及酮戊二酸的氧化脱梭作用；能抑制胆碱酯酶的活性，维持胃肠道的正常蠕动和消化腺的分泌。

（2）VB缺乏症：VB缺少时，会引起多发性神经炎和脚气病，酗酒、各种胃肠道疾病会使VB吸收过少，结核、甲亢等消耗性疾病会因VB相对不足而发生。

由饮食因素引起者，一般在摄取3个月低VB饮食后出现症状。早期表现为疲乏无力、肌肉酸痛、食欲下降、体重减轻、感觉异常、心动过速、心前区疼痛，严重者表现为心力衰竭水肿。

（3）食物来源：富含VB的食物有粮谷类、豆类、干果、酵母、硬壳果类，尤其在粮谷类食物的表皮部分含量更高，故碾磨精度不宜过度。动物内脏、蛋类及绿叶菜中VB的含量也较高，芹菜叶、莴笋叶中含量也较丰富，应当充分利用。VB在土豆中虽含量不高，但以土豆为主食的地区，土豆也是VB摄入的主要来源。某些鱼类及软体动物体内，含有硫胺素酶，生吃可以造成其他食物中VB的损失。

5. 维生素B_2（VB_2）

维生素（VB_2）又称核黄素，为橙黄色晶体。

（1）生理功能：VB_2是机体各种黄素酶的辅酶部分，在生物氧化过程中广泛地起着递氧作用；参与机体内三大生热营养素的代谢过程，与热能代谢直接相关。

（2）VB_2缺乏症：机体缺乏VB_2会出现能量不足和物质代谢的紊乱，表现为外生殖器、舌、唇、口角的综合征。临床表现为口角炎、唇炎、舌炎、睑缘炎、阴囊炎、脂溢性皮炎等。

（3）食物来源：动物性食物中含VB_2较多，尤以肝、心、肾中丰富，奶、蛋类食品含量也不少；植物性食品除绿色蔬菜和豆类外一般含量都不高。

6. 维生素C（抗坏血酸，VC）

（1）生理功能：参与体内氧化还原过程，维持组织细胞的正常能量代谢和调节细胞内氧化还原电位；将血浆运行的铁蛋白中三价铁还原为二价铁，促进铁的吸收；增加机体的抗病能力，促进伤口愈合；阻断亚硝胺在体内的形成，具有防癌和抗癌作用；大量VC还可促进心肌利用葡萄糖和促进心肌糖原的合成。

（2）VC缺乏症：缺乏VC可引起维生素C缺乏病（坏血病），表现为毛细血管脆性增加，牙龈肿胀与出血，牙齿松动、脱落，皮肤出现瘀血点与瘀斑，关节出血形成血肿，流鼻血，便血，还会影响骨骼正常钙化，出现伤口愈合不良、抵抗力低下、肿瘤扩散等现象。

（3）食物来源：VC 主要来源于新鲜蔬菜和水果，水果中以酸枣、山楂、柑橘、草莓、野蔷薇果、猕猴桃等含量多，蔬菜中以辣椒含量最多。

（4）供给量：0～12 岁供给量为 30～50 毫克，少年、成年、老年皆为 60 毫克，孕妇为 130 毫克。

（5）营养水平评定：

1）负荷试验：口服 500 毫克的 VC，4 小时后尿液中排出 VC 的含量大于 3 毫克为正常、1～3 毫克为不足、小于 1 毫克为缺乏。

2）测定白细胞中 VC 的含量小于 2 毫克/100 克时为营养不足。

（四）锌缺乏

锌缺乏症是因体内长期缺乏微量元素锌所引起的。

1. 病因

（1）摄取不足：以谷类为主食，或者长期只吃蔬菜，不吃荤菜。挑食、偏食的婴幼儿，食物中摄入的锌很少，容易缺锌。

（2）吸收障碍：长期腹泻会妨碍锌的吸收。谷类食物中含较多植酸和粗纤维，这些物质可与锌结合而妨碍其吸收。

（3）丢失过多：锌主要是通过汗液和大小便排泄，因此出汗很多的婴幼儿容易缺锌。另外反复出血、大面积烧伤等都会使得锌丢失过多，从而发生锌缺乏。

2. 临床表现

锌参与体内 100 多种酶的形成，缺锌可影响蛋白质的合成和其他许多生理功能。

（1）消化功能减退：表现为食欲不振、味觉异常、复发性口腔溃疡、异食癖等。

（2）生长发育落后或停滞：缺锌常导致生长停滞、身材矮小、性发育延迟。

（3）免疫功能降低：易与感染性疾病并发，如霉菌感染。

（4）智力发育迟缓：婴幼儿长期缺锌可影响脑发育，使智能发育迟滞。

（5）孕妇锌缺乏可引起胎儿发育不良、早产或婴儿出生时体重低。

（6）其他表现：地图舌、创伤愈合不良、视敏度下降等。

3. 实验室检查

血清锌检测：正常值最低限为 75 微克/升。

4. 治疗

（1）轻度缺锌者最好采取食疗，平衡膳食，多食含锌丰富的食物。锌的主要食物来源有贝壳类海产品、红色肉类、动物内脏类、禽蛋类、干果类等，一般植物性食物含锌较低。

（2）严重缺锌者应在医生指导下使用锌制剂治疗。常用葡萄糖酸锌，每日剂量为锌元素 0.5～1.0 毫克/千克体重。

5. 预防

锌的每日需要量为：0～6 个月婴儿 3 毫克，7～12 个月婴儿 5 毫克，1～6 岁幼儿 10 毫克。锌对婴幼儿生长发育至关重要，平时应注意平衡膳食，纠正挑食、偏食的不良习惯。对早产儿、双胎儿、营养不良儿、长期腹泻多汗等的儿童，应适当补充，预防缺锌。

（五）碘缺乏

碘缺乏是一种分布广泛的地方病，是自然环境缺碘对人体造成的损害。碘缺乏病不仅表现为甲状腺肿大、克汀病、聋、哑、瘫痪，还会影响胎儿的脑发育，导致婴幼儿智力和体格发育不良，碘缺乏已成为深受社会关注的疾病之一。

1. 病因

根本原因是食物和水源中缺碘。碘是合成甲状腺素的原料，甲状腺素与人体健康休戚相关，它能促进蛋白质的合成，促进新陈代谢，加速生长发育，提高神经系统的功能。缺碘会使甲状腺素合成有障碍，从而影响婴幼儿生长发育。

2. 临床表现

（1）孕妇缺碘，会使胎儿甲状腺素合成不足。胎儿出生后表现为不同程度的聋哑、痴呆、身材矮小、智力低下、甲状腺功能低下等。另外，缺碘可造成孕妇的流产、死胎、死产、早产及产儿先天畸形，使新生儿死亡率增高。

（2）婴幼儿缺碘会引起地方性甲状腺肿大、地方性甲状腺功能减低症，长期轻度缺碘常使得体格发育落后。

3. 治疗

（1）碘剂：主要用于治疗缺碘引起的弥漫型重度甲状腺肿大。

（2）甲状腺素制剂：主要用于治疗甲状腺功能减低症。

4. 预防

碘每日需要量为：0～6 个月婴儿 40 微克，7～12 个月婴儿 50 微克，1～6 岁幼儿 70 微克。烹调时可采用加碘食盐，平时适量摄入海产品，如紫菜、海带等。适当补充碘酸钾制剂也可以有效预防碘缺乏。

（六）单纯性肥胖症

婴幼儿期单纯性肥胖症已成为我国婴幼儿生长发育中一个值得注意的健康问题。

单纯性肥胖症与生活方式密切相关，以过度营养、运动不足、行为偏差为特征，是一种全身脂肪组织普遍过度增生、堆积的慢性疾病。①

1. 诊断方法

我国用 BMI 判断肥胖。BMI 虽然是判断肥胖的指标，但是它有不足的情况，即特殊人群不太适合用 BMI 标准判断。BMI 计算公式是用体重（kg）/身高^2（m）。

2. 流行学研究

肥胖已成为学龄前婴幼儿严重健康问题，脂肪重聚年龄超前，肥胖超重比过大，提示控制肥胖的重要时期在学龄前。

3. 主要影响因素

（1）产前因素，出生体重超重。

（2）生活行为方式：喂养不当、食物选择不科学、进食习惯不良。

（3）体育运动少：运动量小，运动方式少。静坐生活方式。

4. 肥胖的危害

（1）肥胖成为高血压、冠心病、糖尿病等疾病的危险因素，超重儿中 10%～30%的血压偏高，20%有高脂血症，糖尿病性糖耐量曲线、转氨酶升高，易患脂肪肝、肝硬化、胆病、骨关节病、肾病、恶性肿瘤等。

（2）部分单纯性肥胖儿存在促性腺激素、催乳素、性激素的异常代谢改变，部分呈糖原导致的高糖血症、高胰岛素血症、低生长激素反应。

（3）对生理功能的损伤：有氧能力下降；无氧阈左移；心肺功能性损伤，提前动用心肺储备。

（4）对婴幼儿心理、行为的损伤：自我形象感和自信心差，有自卑感；易受排斥、压抑；潜能发育受阻。

5. 治疗方案

（1）原则：不干扰婴幼儿正常生长发育，不留下损害生长发育的危险因素。

（2）控制目标：包括近期目标和远期目标。近期目标：减脂、减重、提高健康水平；促进生长发育（身高、体重、骨、器官、脑正常增长）；控制体重在正常速率，促进有氧能力发育，提高体质健康水平，增强运动能力。远期目标：建立科学、正确的生活方式；充分发挥潜能；加强性格塑造、气质养成、品德培养、能力发挥。

（3）禁忌：禁止采用禁食、饥饿、半饥饿、变相饥饿疗法；禁止短期、快速减肥或减

---

① 吴晶，聂红梅．婴幼儿肥胖症的护理及康复体会［J］．长春中医学院学报，2000（4）.

重；禁止使用减肥药物或减肥食品；禁止使用手术治疗。

6. 预防

（1）婴幼儿期：主要强调母乳喂养，按照婴儿实际需要量进行适度喂养，在出生后的前 3 个月内避免喂固体食物；出生后 4 个月的肥胖儿，避免使其继续摄入过量热能；出生后 6～8 个月的肥胖儿应减少奶入量，代以水果、蔬菜，用全米代以精面制品。对家长来说，不要把食物作为奖惩幼儿行为的东西。

（2）学龄前期：主要是养成良好的进食习惯，不得偏食糖类、高脂、高热能食物。养成参加各种体力活动、劳动的习惯，如可走路时不坐车，可爬楼时不坐电梯。养成每天都有一定的体育锻炼的习惯，使之成为一生的生活方式，这对防止成年后多采取静坐生活方式有重大意义。

三、常见消化道疾病

（一）小儿腹泻

小儿腹泻是一组由多病原、多因素引起的以大便次数增多和大便性状改变为特点的消化道综合征，是我国婴幼儿最常见的疾病之一，是造成婴幼儿营养不良、生长发育障碍的主要原因之一。6 个月～2 岁婴幼儿发病率高，1 岁以内约占半数。

1. 产生因素

（1）婴幼儿消化系统发育尚未成熟，胃酸和消化酶分泌少，酶活力偏低，不能适应食物的质和量的较大变化。

（2）生长发育快，所需营养物质相对较多，且食物以液体为主，进入量较多，胃肠道负担重。

（3）机体防御功能差，肠道菌群失调。

（4）人工喂养不当。

2. 病因

（1）感染因素。

肠道内感染可由病毒、细菌、真菌、寄生虫引起，以前两者多见，尤其是病毒。

（2）非感染因素。

1）饮食因素：喂养不当可引起腹泻，多为人工喂养儿。

2）过敏性腹泻：对牛奶或大豆过敏而引起腹泻。原发性或继发性双糖酶缺乏或活性降低，肠道对糖的消化吸收不良而引起腹泻。

3）气候因素：气候突然变化，腹部受凉使肠蠕动增加；天气过热消化液分泌减少或由于口渴饮水过多等，都可诱发消化功能紊乱导致腹泻。

3. 临床表现

（1）临床分期：连续病程在 2 周以内的腹泻为急性腹泻，2 周～2 个月的为迁延性腹泻，2 个月以上的为慢性腹泻。

（2）腹泻的共同临床表现：

1）轻型，常由饮食因素及肠道外感染引起。发病可急可缓，以胃肠道症状为主。会使得食欲不振，偶有呕吐，大便次数增多，但每次大便量不多，大便稀薄或带水，呈黄色或黄绿色，有酸味，常有白色或黄白色奶瓣和泡沫。无脱水及全身中毒症状，多数在数日内痊愈。

2）重型，多由肠道内感染引起。常急性发病，可由轻型逐渐加重转变而来，除较重的胃肠道症状外，还有较明显的脱水、电解质紊乱和全身感染中毒产生的症状，如发热、精神烦躁等。

4. 治疗

调整饮食，预防和治疗脱水，合理用药，加强护理，预防并发症。不同时期的腹泻病治疗各有侧重，急性腹泻多注意维持水、电解质平衡及抗感染，迁延性腹泻和慢性腹泻则应注意肠道菌群失调问题和饮食疗法问题。治疗不当往往会适得其反。

5. 预防

（1）合理喂养，提倡母乳喂养，及时添加辅助食品，每次限一种，逐步增加，适时断奶。

（2）应避免对生理性腹泻婴幼儿的不适当的药物治疗，不要因为婴幼儿大便次数较多而怀疑其消化能力，而不按时添加辅食。

（3）养成良好的卫生习惯，注意生活用品的消毒；气候变化时，避免过热或受凉；居室要通风。

（4）感染性腹泻婴幼儿，如在托育机构，应积极治疗，做好消毒隔离工作，防止交叉感染；避免滥用及长期使用广谱抗生素。

（二）婴幼儿厌食症

厌食症是指较长期的食欲减退或消失，缺乏进食欲望。

突然的食欲不振往往是疾病的前驱症状，长期食欲不振可能是某些慢性疾病的症状，而绝大多数食欲不振都是由不良的饮食习惯造成的。

1. 病因

（1）大多数的厌食症与不良的饮食习惯有关。平时吃过多的零食，餐前饮用大量的饮料，进食时注意力不集中，如边听故事或边看电视边吃饭等，这些不良的习惯，可以扰乱或抑制胃酸及消化酶的分泌，从而使患儿食欲减退。

（2）部分婴幼儿的厌食，是家长长期强迫婴幼儿进食的结果。强迫进食的做法，大大影响了婴幼儿的情绪，并逐渐使其形成了条件反射性拒食，最终发展成厌食。

（3）多种急、慢性疾病常常伴有厌食情况，这可能与发热、病原体毒素的作用有关，如病毒性肝炎、结核、肠道有寄生虫、营养缺乏症（锌缺乏、铁缺乏症）等。

2. 治疗

对于各种急、慢性疾病引起的厌食，应在医生的指导下，针对原发病进行治疗。

（1）缺乏微量元素，如缺锌、铁会表现出食欲不振，可在膳食中增加富含锌、铁的食物，严重的可适量服用锌剂、铁剂等。

（2）消化不良，可选用乳酶生、胃酶合剂、多酶片等。

（3）某些药物，如红霉素、复方新诺明、钙片等，可引起食欲减退，一般停药后症状会自然消失。

（4）采用中医中药治疗，服用健脾开胃的中成药和采用捏脊疗法对厌食的婴幼儿有一定的帮助。①

3. 由非疾病因素引起的厌食症防治应注意的问题

（1）饮食合理搭配。注意各营养素间的比例，以求均衡饮食。每天不仅吃肉、乳、蛋、豆类，还要吃五谷杂粮、蔬菜、水果。要荤素、粗细、干稀搭配，如果搭配不当，会影响小儿的食欲，如肉、乳、蛋、豆类吃多了，因它们富含脂肪和蛋白质，胃排空的时间就会延长；粗粮、蔬菜、水果吃得少，消化道内纤维素少，容易引起便秘。

（2）讲究烹调方法。在饮食结构上，做到荤素搭配、米面搭配、各种颜色搭配。要注意刀工和火候，注意食物的色、香、味、形，激起婴幼儿的好奇心和食欲。

（3）保证婴幼儿充足睡眠，适量活动，定时排便。睡眠时间充足，婴幼儿精力旺盛，食欲感就强，适当的活动可促进新陈代谢，加速能量消耗，促进食欲。总之，合理的生活作息能诱发、调动、保护和促进食欲。

（4）改善进餐环境。婴幼儿的注意力容易转移，应该排除各种干扰，让婴幼儿专心吃饭。不能强迫婴幼儿进食，否则婴幼儿会感到有压力，抑制进食要求。应注意保证婴幼儿

① 毕胜，王雪峰．儿童厌食症中医证候文献分析［J］．中国中西医结合儿科学，2014，6（1）．

有愉快的进餐情绪，力求为婴幼儿创造一个安详、和睦的家庭气氛。另外，尽量让婴幼儿与大人共餐，这样可以提高其进餐的积极性。

（5）采用“饥饿”疗法。让婴幼儿适当体验饥饿的感觉，激发食欲。

（6）让婴幼儿参与制作食物。在制作过程中让婴幼儿充分发挥自己的创造力，会使婴幼儿对自己的作品充满兴趣，并亲自品尝。

（7）食前要有进食的准备时间，不要在婴幼儿玩得高兴时立刻要他进食，也不要让婴幼儿边吃边玩。每次不要给婴幼儿过多饭菜，宁可等其吃完以后再添。

（8）家长应以身作则，不偏食、不挑食。

（三）便秘

便秘是指粪便在结肠内停留时间过久，水分被过量吸收，致使大便干硬，大便次数减少，排便困难。必须指出的是，婴幼儿排便习惯的个体差异性较大，有的婴幼儿2～3天才排便一次，但只要大便性状正常，婴幼儿生长发育正常，就不能算是便秘。

根据大便性状诊断便秘比根据排便次数更为合理，如虽然每日排便一次，但大便干硬、量少、排便困难，仍有大量坚硬的粪便留在结肠或直肠中，亦属便秘。便秘会使婴幼儿食欲不振、身体虚弱、情绪急躁、坐卧不安，影响学习和生活。便秘还与痔疮、脱肛、肛裂等病症的发生、发展有关。

1. 病因

（1）饮食因素：进食太少，食物被消化吸收后残渣少，致使大便减少、变稠。大便性质和食物成分关系密切，当食物中含大量蛋白质，而碳水化合物不足时，肠道菌群会发生改变，大便易是碱性、干燥的；纤维素有促进肠道蠕动的作用，婴幼儿偏食，喜食肉类，少吃或不吃蔬菜，造成食物中纤维素太少，也易便秘。饮水量少，特别是在天气炎热时容易便秘。

（2）疾病因素：多种疾病能引起肠道功能障碍，肠壁肌肉张力减低、蠕动减慢，导致便秘，如巨结肠、营养不良、佝偻病、呆小症、高钙血症等。局部疾病，如肛裂会使排便时疼痛易导致便秘，肛周急性炎症或脓肿可使婴幼儿长期抗拒排便，这也是婴幼儿便秘常见的原因。

（3）生活习惯因素：生活不规律和缺乏按时大便的训练，未形成排便的条件反射可导致便秘。环境与生活习惯的突然改变，精神刺激，都能引起轻重不等的短时间的便秘。缺少体力活动，可导致肠壁肌肉乏力、蠕动减慢而发生便秘。

2. 治疗

治疗原则是改善饮食内容和习惯，训练排便，必要时辅以药物治疗。针对不同的病因导致的便秘可以采取不同的治疗措施。

（1）调整饮食结构。多食粗粮、蔬菜、水果等含纤维素多、有通便作用的食物。便秘时可酌情在食物中加一些芝麻油。

（2）培养每日按时排便的良好习惯。婴幼儿进食后通常会产生胃结肠反射，要充分利用这种反射让婴幼儿在进食后大便。切不要长时间蹲坐，否则会引起脱肛，造成排便抑制。

（3）合理用药。可以用一些微生态制剂。婴幼儿不宜用泻药，以免形成习惯，危害健康。

（4）每日进行腹部按摩，从脐部开始，逐渐向外顺时针按摩腹部（与肠蠕动方向一致），帮助加速肠蠕动，有一定效果。

（5）有时用开塞露或小肥皂条插入肛内刺激排便，可收到暂时的效果，但不能常用。因为一旦养成习惯，正常的“排便反射”消失，便秘将更难纠正。

四、常见皮肤病

（一）湿疹

湿疹是一种慢性皮肤病，是遗传性过敏体质对环境中某些因素的过敏反应。通常在婴幼儿出生后第二或第三个月开始发生。好发于颜面及皮肤皱褶部，也会累及全身。一般随着年龄增加而逐渐减轻至痊愈，但也有少数病例继续发展至青少年期，甚至成人期。

1. 病因

（1）对牛羊奶、牛羊肉、鱼、虾、蛋等食物过敏。

（2）过量喂养而致消化不良。

（3）吃糖过多，造成肠内异常发酵。

（4）肠寄生虫。

（5）强光照射。

（6）洗护用品、皮毛、化纤、花粉、油漆的刺激。

（7）乳母接触致敏因素或吃了某些食品，通过乳汁影响婴幼儿。

（8）遗传因素。

2. 临床表现

（1）渗出型湿疹：常见于肥胖型婴幼儿，初起于两颊，发生红斑、丘疹、丘疱疹，常因剧痒搔抓而显露有多量渗液的鲜红糜烂面。严重者可累及整个面部甚至全身，如有继发感染可见脓疱及局部淋巴结肿大、发热。

(2) 干燥型湿疹：多见于瘦弱的婴幼儿。好发于头皮、眉间等部位，表现为潮红、脱屑、丘疹，但无明显渗出，呈慢性时局部皮肤也可表现为轻度浸润性肥厚，有抓痕或结血痂。常因阵发性剧烈瘙痒而引起婴幼儿哭闹和睡眠不安。

3. 治疗

主要是对症治疗，了解诱发湿疹的原因，才能有效地控制湿疹的发生。

药物治疗，可使用外用或内服的药物，主要是止痒、抗敏感、消炎及杀菌。使用药物治疗时需要留意婴幼儿对药物的反应，遵守医嘱，涂药于适当的部位，注意使用的次数和涂药的分量。

4. 护理

(1) 选择透气、吸汗的纯棉衣服，羊毛化纤衣物切勿直接接触皮肤，避免使用引起过敏的洗衣粉。

(2) 避免进食某些易发生过敏反应的食物，不吃含有人造色素或防腐剂的食物或饮品，均衡饮食，不偏食和挑食。

(3) 保持家居清洁，减少室内尘埃飞扬，避免用地毯，应用湿布或吸尘机除去尘埃。

(4) 尽量避免饲养有毛的宠物及种植有花粉的植物。

(5) 注意手的清洁，指甲要剪短，避免抓破皮肤引起感染。

(6) 尽量避免在阳光剧烈时做户外活动，避免太热及出太多汗。

(二) 荨麻疹

荨麻疹是由于皮肤、黏膜小血管反应性扩张及渗透性增加而产生的一种局限性水肿反应，主要表现为边缘清楚的红色或苍白色的瘙痒性皮疹风团。

1. 病因

荨麻疹的病因复杂，大多数患者不能找到确切原因，常见的病因如下。

(1) 食物：以鱼、虾、蟹、蛋类最常见；其次是某些肉类和植物性食物，如可可、草莓、番茄等。

(2) 药物：许多药物引起的机体变态反应导致本病，常见引起反应的药物有青霉素、血清制剂、各种疫苗等。

(3) 感染：包括病毒、细菌、寄生虫等，主要是引起呼吸道感染，其次是乙肝病毒。

(4) 物理因素：如冷、热、日光等物理性刺激。

(5) 动物及植物因素：如昆虫叮咬、花粉刺激等。

2. 临床表现

荨麻疹为常见病，15%～20%的人一生中至少发生过一次。根据病程，分为急性和慢性两类。基本损害为皮肤出现风团，发作常很突然，发展较快。短时间内皮肤出现多处风团，逐渐扩大，并可互相融合成巨片状皮疹。边界一般清楚，皮疹稍高起，呈正常肤色或淡红色或鲜红色或苍白色。毛孔扩大、下凹，皮肤增厚，患者自觉有程度不等的瘙痒，大多瘙痒剧烈。皮疹可以自然消退，风团持续时间短则几分钟，长则数小时，极少有超过24小时以上不退者。但容易复发，一批消退之后，另一批又起。患者可伴有血管性水肿，水肿部位边界不清楚。某些结缔组织疏松的部位，如眼睑、颈部、下颌、手背、足背、口唇，水肿更为明显。

（1）急性荨麻疹：发病急，发作突然，皮疹数量较多，面积比较广泛，风团常为大片状。病程不超过六周，易反复发作。严重时可伴有全身症状，如头痛、发热、全身无力、疲劳等，合并血管性水肿的机会较多。伴有呼吸道黏膜病变者可致胸闷、窘迫感、呼吸困难，甚至青紫。

（2）慢性荨麻疹：风团反复发作，病程超过六周，有的病程可达数月，甚至数年。发作一般较轻，皮疹数量少，有时仅有少数风团，呈一过性而不引起患者的症状。

3. 诊断

荨麻疹，尤其是慢性荨麻疹病因不明，迁延不愈，部分患者具有自限性，医生治疗的目的是控制症状，提高患者的生活质量，最重要的是避免病情复发。

患者应在医生的帮助下制定合理的治疗方案并坚持规范治疗，应定期到医院进行随访、复查，以便医生全面掌握疾病变化，制定个体化治疗方案。

消除诱因或可疑病因有助于荨麻疹消退，因此应尽量避免接触诱因。

五、婴幼儿铅中毒

铅是一种重金属元素，广泛地存在于自然界中，人们对它的毒性作用自古以来即有认识。婴幼儿铅中毒作为一种儿科疾病被发现也已有近百年的历史。

（一）婴幼儿铅中毒的普遍性和严重性

铅是一种银白色或浅灰色重金属元素，质地柔软，延展性好，可塑性大，低熔点，耐腐蚀。由于铅的特殊理化特性，用途十分广泛，可以用于制造蓄电池、油漆、汽油等。到目前为止，尚未发现铅在人体内有任何生理作用，因此在人体内的理想血浓度应为零，但由于铅及其化合物被人类广泛用于社会生活的各个方面，所以人体中或多或少都存在一定量的铅。铅在体内积蓄过量，可对人体的中枢神经系统造成永久性的损害，体格发育及多脏器也会受到不同程度的损害，铅甚至可以通过胎盘对胎儿造成危害。防止铅对婴幼儿的危害已成为世界范围内的重要公共卫生问题。

为切实做好婴幼儿铅中毒的防治工作，原卫生部结合我国实际，规范婴幼儿铅中毒的预防、诊断分级及治疗原则，组织制定了《儿童高铅血症和铅中毒预防指南》及《儿童高铅血症和铅中毒分级和处理原则（试行）》，这对正确指导我国婴幼儿铅中毒的防治工作具有重要的意义。

（二）病因

（1）含铅汽油的广泛使用。乙基铅作为一种防爆剂加入汽油中，成为环境铅污染的主要原因。乙基铅污染主要是随着汽油的燃烧，转变成卤化铅和氧化铅烟雾，以废气的形式被排放到环境中。这种废气在一米以下的高度浓度最高，易使婴幼儿受到危害。

（2）铅作业工人家庭环境的污染、学习用品和玩具的污染、食品的污染、燃煤等，也是造成婴幼儿铅中毒的重要原因之一。

（三）临床表现和病理生理

铅通过呼吸道和消化道被吸入人体后，除沉积于骨骼外，其余的随血液分布到全身各器官和组织，产生毒性作用。因此，铅对机体的影响是全身性和多系统的。

婴幼儿铅中毒可分为症状性铅中毒和无症状性铅中毒两种。

（1）症状性铅中毒的临床表现有易激惹、多动、注意力短暂、反应迟钝、嗜睡、运动失调等；严重者表现为狂躁、视觉障碍、颅神经瘫痪、惊厥、昏迷甚至死亡；此外还有其他系统的症状，如反复腹痛、严重贫血、高血压等。

（2）无症状性铅中毒主要影响婴幼儿智能行为和体格发育。由于缺乏临床表现，易被忽视，待发现时，铅的毒性作用已难逆转。

（四）诊断

目前，我国婴幼儿铅中毒的诊断与分级是根据国际标准并结合我国具体情况制定的。高铅血症，连续两次静脉血铅水平为100～199微克/升。铅中毒，连续两次静脉血铅水平等于或高于200微克/升，并依据血铅水平分为轻、中、重度铅中毒：轻度铅中毒，血铅水平为200～249微克/升；中度铅中毒，血铅水平为250～449微克/升；重度铅中毒，血铅水平等于或高于450微克/升。

（五）预防

婴幼儿的不良卫生习惯和不当行为可使铅通过呼吸道、胃肠道、皮肤等途径进入体内。通过对家长和婴幼儿的健康指导，切断铅进入婴幼儿体内的通道是预防婴幼儿铅中毒的关键。

（1）教育婴幼儿养成勤洗手的好习惯，特别是饭前洗手十分重要。环境中的铅尘可在婴幼儿玩耍时玷污双手，很容易随进食或通过习惯性的手口动作进入体内，长久如此会造成铅负荷的增加。

（2）注意婴幼儿个人卫生，勤剪指甲，指甲缝是特别容易藏匿铅尘的部位。

（3）经常清洗婴幼儿的玩具和用品。

（4）经常用干净的湿抹布清洁婴幼儿能触及部位的灰尘。婴幼儿食品及餐具应加罩防尘。

（5）不要带婴幼儿到铅作业工厂、电厂、加油站附近，不要在车流量多的马路上散步和玩耍。

（6）从事含铅作业、车辆驾驶、交通指挥、环卫等工作的人员下班必须更换工作服和洗澡。不应将工作服和婴幼儿衣服一起洗涤。更不应在铅作业场所（或工作间）为婴幼儿哺乳。

（7）孕妇和婴幼儿应尽量避免被动吸烟，以煤作为燃料的家庭应多开窗通风。

（8）选购婴幼儿餐具时应避免带有图案的和伪劣产品。不吃高铅食品，如皮蛋、爆米花、油炸食品、罐头及有色素的食品等。

（9）不能用长时间滞留在管道中的自来水为婴幼儿调制奶粉和烹饪。

（六）治疗

（1）西药排铅：适用于血铅水平在 450 微克/升以上的重度铅中毒患者和驱铅试验阳性的中度铅中毒患者，须住院由医生进行治疗。

（2）中药排铅：这是当前我国治疗婴幼儿铅中毒的手段之一，必须选用经国家药监部门正式批准的准字号排铅中药制剂，适用于轻、中度铅中毒及高铅血症的婴幼儿。

（3）辅助治疗：多吃蔬菜水果，多喝牛奶，补充维生素和钙、铁、锌等微量元素，辅助驱铅，减轻铅的毒害作用。

（4）定期带婴幼儿到正规的医院进行血铅水平检测。婴幼儿铅中毒的发展是一个缓慢的过程，早期并无典型的临床表现。通过筛查早期发现高铅血症婴幼儿，及时进行干预，以降低铅对婴幼儿机体的毒性作用。

第二节 传染病预防与控制

一、风疹

风疹是由风疹病毒引起的急性呼吸道传染病。

（一）流行病学

（1）传染源：患者是唯一的传染源。出疹前 5 天到出疹后 2 天的患者均有传染性。患者口、鼻、咽部的分泌物，以及血和大小便中均有病毒存在。出疹前后的患者传染性最强。风疹流行期，人群中的人多为轻型或隐性感染，同样具有传染性。

（2）传播途径：直接经空气飞沫传播是主要传播方式。婴幼儿患者排毒时间较长，5～6 个月内于唾液、尿、粪便中仍有病毒排出，护理人员与患儿密切接触可间接传染。

（3）易感人群：多见于 1～5 岁幼儿，成人也可发病。在托育机构等易感人群较集中、环境较拥挤的场所，可出现暴发流行。病后有较持久的免疫力。

（二）临床表现

潜伏期为 12～19 天，常以低热、全身不适及皮疹起病，可伴有咽痛、轻咳和流涕。浅表淋巴结多有肿大且伴有轻度触痛。皮疹于发热后很快出现，呈充血性斑丘疹，多见于面部和躯干部。2～3 日后皮疹消退，一般不遗留色素沉着。患者一般全身症状轻微。

（三）诊断

（1）临床诊断：风疹常因临床症状轻微而难以诊断，仅在本病有流行时较易做出临床诊断。皮疹特征是细小色淡、出现较早，全身症状轻微，可与荨麻疹相鉴别。根据皮疹的特点和突出的咽部症状，易与猩红热区分。

（2）实验室诊断：确诊风疹要依靠从细胞培养中分离的风疹病毒。

（四）治疗

目前尚无特效的抗风疹病毒药物，少数症状严重者可给予对症治疗。

（五）预防

（1）室内经常开窗通风，保持空气新鲜。

（2）开展健康教育活动，加强风疹防治知识宣传。

（3）接种风疹减毒活疫苗。

二、乙型脑炎

乙型脑炎简称乙脑，在国际上称日本脑炎，是由乙型脑炎病毒引起的以脑实质炎症为主要病变的急性传染病。本病经蚊虫传播。

（一）流行病学

（1）传染源：乙脑是人畜共患的自然疫源性疾病，人和动物（包括猪、牛、羊、马、鸭、鹅、鸡等）感染乙脑病毒后可发生病毒血症，成为传染源。人感染后，病毒血症期短暂，血中病毒含量少，不是主要的传染源。

（2）传播途径：蚊子是乙脑的主要传播媒介，带乙脑病毒的蚊虫经叮咬将病毒传给人和动物。蚊子感染乙脑病毒后不发病，但可带病毒越冬或经卵传代，成为乙脑病毒的长期储存宿主。

（3）易感人群：患者大多数为 10 岁以下儿童，以 2～6 岁幼儿发病率最高。

（4）流行特征：乙脑呈季节性流行，80%～90%的病例集中在 7、8、9 月。

（二）临床表现

潜伏期为 4～21 天，一般为 10～14 天。

（1）初期：为病初的第 1～3 天。起病急，体温在一两天内高达 39～40℃，伴头疼、恶心和呕吐，多有嗜睡或精神倦怠现象，可有颈部强直及抽搐症状。

（2）极期：病程第 4～10 天，症状逐渐加重，主要表现有以下几点。

1）高热：体温常高达 40℃以上，一般持续 7～10 天，重者可达 3 周。发热越高，热程越长，病情越重。

2）意识障碍：包括嗜睡、昏迷、定向力障碍等。神志不清最早可见于病程第 1～2 天，但多见于病程第 3～8 天。昏迷的深浅、持续时间的长短与病情的严重性呈正相关。

3）惊厥或抽搐：由于高热、脑实质炎症及脑水肿所致。多见于病程的第 2～5 天，先表现为面部、眼肌、口唇的小抽搐，随后肢体呈阵挛性抽搐，伴有意识障碍。频繁抽搐可导致面色发紫甚至呼吸暂停。

4）呼吸衰竭：主要为中枢性呼吸衰竭，多见于重症患者。表现为呼吸节律不规则及幅度不均。高热、抽搐和呼吸衰竭是乙脑极期的严重症状，三者互相影响，尤以呼吸衰竭为致死主要原因。循环衰竭少见。

（3）恢复期：极期过后，体温逐渐下降，神经精神症状逐日好转，一般于 2 周左右可完全恢复，但重症病人可有神志迟钝、痴呆、失语、多汗、吞咽困难等恢复期症状。经积极治疗后大多数病人于6个月内恢复。

（4）后遗症期：患病6个月后仍留有神经精神症状称为后遗症。

（三）临床类型

（1）轻型：发热38～39℃，神志清楚，无抽搐，脑膜刺激体征不明显。病程5～7天。

（2）普通型：发热39～40℃，嗜睡或浅昏迷，偶有抽搐及病理反射阳性，脑膜刺激体征较明显。病程约7～10天，多无恢复期症状。

（3）重型：发热40℃以上，昏迷，反复或持续抽搐，浅反射消失，深反射先亢进后消失，病理反射阳性。常有神经定位症状和体征。病程多在2周以上，恢复期常有精神异常、瘫痪、失语等症状，少数病人留有后遗症。

（4）极重型（暴发型）：起病急骤，体温于1～2天内升至40℃以上，反复或持续性强烈抽搐，伴深度昏迷，迅速出现中枢性呼吸衰竭及脑疝等。多在极期中死亡，幸存者常有严重后遗症。

（四）实验室检查

（1）血象：白细胞总数常在（10～20）$\times 10^9$/升，病初中性粒细胞在80%以上，随后以淋巴细胞占优势，部分患者血象始终正常。脑脊液检查、血清学检查、病毒分离。

（2）并发症：发生率约10%，以支气管肺炎最常见。

（五）治疗

目前无特效的抗病毒药物，但可试用抗病毒药物和干扰素等。应积极对症治疗和护理，重点处理好高热、抽搐和呼吸衰竭等危重症状。

（六）预防

（1）控制传染源：包括隔离病人至体温正常，但主要传染源是易感家畜，尤其是幼猪，要搞好饲养场所的环境卫生，人畜居地分开。

（2）切断传播途径：主要采取防蚊、灭蚊措施，包括灭越冬蚊和早春蚊，消灭蚊虫滋生地。防蚊用蚊帐、灭蚊剂等。

（3）保护易感人群：主要通过疫苗的预防注射提高人群的特异性免疫力。近年来，乙脑减毒活疫苗已被广泛应用，在安全和效果上优于乙脑灭活疫苗。疫苗的接种应在乙脑开始流行前的1个月完成。

三、百日咳

（一）病因

百日咳是由百日咳杆菌所引起的急性呼吸道传染病，以阵发性痉挛性咳嗽，以及咳嗽终止时伴有鸡鸣样吸气声为特征，多发生于婴幼儿。本病病程较长，咳嗽症状可持续 2～3 个月，故名“百日咳”。

（二）临床表现

百日咳潜伏期 2～20 日，平均潜伏 7～10 日。临床过程可分三期。

（1）卡他期：从起病至阵发性痉咳的出现，7～10 日。此期可有低热、咳嗽、喷嚏、流泪和乏力等症状。咳嗽开始为单声干咳，2～3 日后热退，咳嗽加剧，尤以夜间为甚。

（2）痉咳期：病期 2～4 周或更长。此期已不发热，但有特征性的阵发性、痉挛性咳嗽。

（3）恢复期：阵发性痉咳次数减少，鸡鸣样吸气声消失，咳嗽终止时不伴呕吐。一般持续 2～3 周后咳嗽好转。若有并发症，病程相应延长。

（三）实验室检查

（1）外周血白细胞数一般为（20～50）×10^9/升，淋巴细胞分类一般在 0～60 以上，继发细菌感染者中性粒细胞数增高。

（2）血清学检测特异性抗体 IgM 有利于早期诊断。

（3）亦可用鼻咽吸出物或鼻咽拭子进行细胞学检查。

（四）治疗

（1）一般治疗和对症治疗：按呼吸道传染病隔离，保持室内安静、空气新鲜，以及适当的温度、湿度。半岁以内婴幼儿常突然发生窒息，应有专人守护。

（2）抗菌治疗：卡他期使用抗生素治疗可以减轻或阻断痉咳，首选为红霉素。

（五）预防

（1）菌苗：目前常用白喉、百日咳、破伤风三联制剂，每月注射 1 次，共 3 次。若百日咳流行时，可提前至出生后 1 个月接种。此外对密切接触的曾注射过菌苗的 7 岁以下儿童，可以加强注射 1 次菌苗。菌苗接种后有效免疫期为 4 年。

（2）药物预防：对没有免疫力又有百日咳接触史的婴幼儿可以进行药物预防，其中包括红霉素。用药时间为 7～10 日。

四、结核病

（一）病因

结核病是由结核杆菌引起的慢性感染性疾病。全身各个脏器均可受累，但以肺结核最常见。

（二）流行病学

（1）传染源：开放性肺结核患者是主要传染源，正规化疗 2～4 周后，随着痰菌排量减少而传染性降低。

（2）传播途径：呼吸道为主要传染途径，婴幼儿吸入带结核菌的飞沫或尘埃后即可引起感染，形成肺部原发病灶；少数经消化道传染者，产生咽部或肠道原发病灶；经皮肤或胎盘传染者少见。

（3）易感人群：生活贫困、居住拥挤、营养不良、社会经济落后等是人群结核病高发的原因。新生儿对结核菌非常易感。

（三）发病机制

婴幼儿初次接触结核杆菌后是否会发展为结核病，主要与机体的免疫力、细菌的毒力和数量有关，尤其与细胞免疫力强弱有关。

感染结核杆菌后机体可获得免疫力，90%的婴幼儿可终身不发病；5%的婴幼儿因免疫力低下当即发病，是为原发性肺结核；另 5%的婴幼儿仅于日后机体免疫力降低时才会被发现，称为继发性肺结核，是成人肺结核的主要类型。

（四）诊断

1. 结核菌素实验

婴幼儿受结核感染 4～8 周后，做结核菌素实验即呈阳性反应。

实验方法：皮内注射 0.1 毫升含 5 个结核菌素单位的纯蛋白衍化物（PPD），一般注入左前臂掌侧面中下 1/3 交界处的皮内，使之形成直径为 6～10 毫米的皮丘，48～72 小时后观测反应结果，测定局部硬结的直径，取纵横两者的平均直径来判断其反应强度。硬结平均直径不足 5 毫米为阴性，25 毫米为阳性（＋）；10～19 毫米为中度阳性（＋＋），220 毫米为强阳性（＋＋＋），局部除硬结外，还有水疱、破溃、淋巴管炎和双圈反应等为强阳性反应（＋＋＋＋）。

2. 临床意义

（1）阳性反应见于接种卡介苗后；年长儿无明显临床症状仅呈一般阳性反应，表示呈感染过结核杆菌；婴幼儿尤其是未接种卡介苗者，阳性反应多表示体内有新的结核病灶；强阳性反应者，表示体内有活动性结核；由阴性反应转为阳性反应，或反应强度由原来小于 10 毫米增至大于 10 毫米，且增幅超过 6 毫米时，表示新近有感染。

（2）阴性反应见于未感染过结核，结核迟发性变态反应前期（初次感染后 4～8 周内），假阴性反应由于机体免疫功能低下或受抑制所致，技术误差或结核菌素失效。

（五）实验室检查

结核杆菌检查：从痰、胃液、脑脊液等中找到结核杆菌是重要的确诊手段。采用厚涂片法检查结核杆菌的阳性率。

（六）结核病影像学诊断

（1）X线检查：这是筛查婴幼儿结核病不可缺少的重要手段，应摄正侧位片。可检查出病灶的范围、性质、类型、活动或进展情况。

（2）计算机断层扫描：胸部CT检查对肺结核的诊断及鉴别诊断也很有意义。

（七）治疗

（1）一般治疗：注意营养，选用富含蛋白质和维生素的食物。居住环境应阳光充足，空气流通。避免感染麻疹、百日咳等疾病。

（2）抗结核药物治疗：其治疗目的是杀灭病灶中的结核菌。

（八）预防

1. 控制传染源

结核菌涂片阳性的病人是婴幼儿结核病的主要传染源，早期发现、合理治疗结核菌涂片阳性的病人，是预防婴幼儿结核病的根本措施。

2. 普及卡介苗的接种

卡介苗接种是预防婴幼儿结核病的有效措施。目前我国计划免疫要求在全国城乡普及新生儿卡介苗接种。

禁止接种卡介苗的有：先天性胸腺发育不全者或严重联合免疫缺陷病患者，急性传染病处于恢复期者，注射局部有湿疹或患全身性皮肤病者，结核菌素试验阳性者。

3. 预防性服药

（1）目的：预防婴幼儿活动性肺结核，预防肺外结核病的发生，预防青春期结核病复发。

（2）适应证：密切接触家庭内开放性肺结核者；3岁以内婴幼儿未接种卡介苗而结核菌素试验呈阳性者；结核菌素试验新近由阴性转为阳性者；结核菌素试验阳性伴结核中毒症状者；结核菌素试验阳性者，新患麻疹或百日咳的婴幼儿；结核菌素试验阳性的婴幼儿需较长期使用糖皮质激素或其他免疫抑制剂者。

（3）方法：异烟肼每日每千克体重10毫克，疗程6～9个月。

五、流行性感冒

流行性感冒简称流感，是由流行性感冒病毒引起的急性呼吸道传染病。

（一）流行病学

（1）传染源：流感患者和隐性感染病毒的携带者为主要传染源。动物亦可能为重要贮存宿主和中间宿主。

（2）传播途径：经空气中飞沫传播。

（3）易感人群：人群对流感普遍易感。

（4）流行特征：流感病毒有较强的传染性，加之以呼吸道飞沫传播为主要方式，极易引起流行和大流行。一般流行多发生于冬季，于 2～3 周内病例达高峰，主要发生于学校及公共娱乐场所人群聚集的地方。后期呼吸道并发症增多，尤其婴幼儿及老年患者常并发肺炎，有较高的病死率。一次流行持续约 6～8 周，流行后人群重新获得一定的免疫力。乙型流感与甲型相似，亦可引起流行。而丙型流感多为散发感染。

（二）临床表现

潜伏期为 1～3 天。主要为突然出现的高热、寒战、头痛、肌痛、全身不适。上呼吸道卡他症状相对较轻或不明显，少数病例可有腹泻，大便呈水样。发热 3～5 天后消退，但患者仍感明显乏力。年幼或老年的流感患者及原有基础疾病或免疫受抑制的病人感染流感，病情可持续发展，出现高热不退、剧烈咳嗽、呼吸急促等现象。

（三）诊断

确诊流感主要靠病毒分离。在发病后的 2～3 天，可从鼻咽部、气管分泌物中直接分离流感病毒。实验室检查需要相当的时间，对临床诊治帮助不大，仅具流行病学调查的价值。

（四）鉴别诊断

轻型流感和散发流感很难与普通感冒鉴别，与其他呼吸道病毒感染亦不易从临床区分，此时，病毒的分离鉴定是唯一可靠的方法。

（五）治疗

治疗包括解热镇痛药物治疗和支持治疗，但婴幼儿患者应避免使用阿司匹林，以防诱发致命的雷耶综合征。对继发的细菌性肺炎应注意有效控制，尤其是婴幼儿。

（六）预防

在流感流行时，应尽可能隔离患者，加强环境消毒，减少公共集会和集体娱乐活动，以防止疫情的进一步扩散。对易感人群和尚未发病者，亦可给予药物预防。预防流感的基本措施是接种疫苗。应用与现行流行株一致的灭活流感疫苗接种，可获得60%～90%的保护效果。老年人、婴幼儿及易出现并发症的人，是流感疫苗的最适宜接种对象，但他们对疫苗的反应率较低，一般只能获得50%～60%的保护效果。流感疫苗有一定的全身和局部副反应，接种后应注意观察和处理。

六、甲型H1N1流感

甲型H1N1流感是由甲型H1N1流感病毒引起的一种急性呼吸道传染病。甲型H1N1流感病毒（原称人感染猪流感病毒）是一种既含有人流感病毒基因片段也含有猪流感病毒、禽流感病毒基因片段的新型H1N1流感病毒。这种新型病毒是美国于2009年4月在人体中首次检出的。此病毒可通过人与人传播，同季节性流感病毒的传播方式非常相似。

（一）流行病学

（1）由新型猪流感病毒变异株引起，人群普遍易感。

（2）人际传播，并已回传给猪。

（3）流感病人在发病前一天即有传染性，部分患者感染后不发病，但有传染性，所以隐性传染比例很高。

（二）传染源

甲型H1N1流感病人为主要传染源。虽然猪体内已发现甲型H1N1病毒，但目前尚无证据表明动物为传染源。有些人感染病毒后可不出现症状，但在带毒状态下可将病毒传给他人。

（三）传播途径

甲型H1N1流感病毒的传播与季节性流感的传播方式非常相似。主要是通过甲型H1N1流感病人或隐性感染者咳嗽或打喷嚏传播给他人。人们也可能通过手接触被甲型H1N1流感病毒污染的物体，然后触摸自己的鼻子、嘴或眼睛而感染。

（四）易感人群

甲型H1N1流感的潜伏期一般为1～7天，普遍易感，以青壮年为主。

（五）临床表现

早期症状与普通流感相似，包括发热、咳嗽、喉痛、身体疼痛、头痛、发冷和疲劳等，有些还会出现腹泻或呕吐、肌肉痛或疲倦、眼睛发红等。部分患者病情可迅速进展，来势凶猛、突然高热、体温超过 39℃，甚至继发严重肺炎、急性呼吸窘迫综合征、肺出血、胸腔积液、全血细胞减少、肾功能衰竭、败血症、休克、呼吸衰竭及多器官损伤，导致死亡。人感染甲型 H1N1 流感的预后与感染的病毒亚型有关，大多预后良好。

（六）治疗

甲型 H1N1 流感与季节性流感一样通过抗病毒治疗及对症、支持治疗，患者一般在一周内康复。常用药物（如达菲、乐感清等）对甲型 H1N1 流感病毒有明显的抑制作用。

（七）预防措施

（1）避免接触具有流感样症状或呼吸道疾病病人。托育机构要加强晨午检工作并做好全日观察工作，晨检时要加强对婴幼儿身体状况的询问，增加对婴幼儿体温的测查次数。一旦发现有发热、咳嗽、鼻塞、咽痛、头痛、肌痛等流感样症状的婴幼儿，应立即隔离，密切观察，及时通知家长并按规定做好登记和报告工作。对因病缺课的婴幼儿，做好随访工作，发现异常及时上报。

（2）注意个人卫生，避免用未清洁的手触摸自己的眼睛、鼻子和嘴。经常使用肥皂和清水洗手，在洗手时要掌握科学的洗手方法。

（3）做好物品和空气的清洁消毒工作。甲型 H1N1 流感病毒可以经加热 75～100℃被杀灭，一些化学杀菌剂，如氯、过氧化氢、碘酒、酒精都能够有效地杀灭流感病毒。消毒时，应当注意使用适当的浓度和足够的时间。保持室内空气新鲜，在传染病流行季节，每天对室内空气进行消毒；活动室、卧室等人群聚集场所要经常通风换气，每日至少通风两次，每次至少 30 分钟以上。

（4）尽量不到人多拥挤、空气污浊的场所，不得已必须去时，最好戴口罩。同时要教育和引导师生正确认识甲型 H1N1 流感是可防、可控、可治的，避免不必要的恐慌。

（5）增强机体抵抗力，保证充足的睡眠，均衡饮食，多喝开水，坚持体育锻炼，经常进行有氧运动，如骑车、快走、游泳等，每周至少两次，每次 30～40 分钟。

（6）避免直接接触生猪或前往养猪场，吃猪肉时一定要煮熟煮透。

（7）高危人群接种甲型 H1N1 流感疫苗。

七、水痘

水痘是由水痘带状疱疹病毒初次感染引起的一种传染性极强的婴幼儿期出疹性疾病。

（一）流行病学

本病以冬春季发病为主。患者为主要传染源，可通过直接接触、飞沫和空气传播。婴幼儿发病率高，为易感者。

（二）临床表现

（1）典型水痘：皮疹出现前24小时可呈现前驱症状，如轻、中度发热，不适，厌食等，婴幼儿常无前驱期。

皮疹特点：分批出现红色斑疹或斑丘疹，迅速发展为清亮、圆形、露珠状小水疱，周围有红晕，经24小时，水疱内容物变混浊，水疱易破溃，疱疹持续3～4天，然后开始干缩，结痂，在疾病高峰期可见到丘疹、新旧水疱和结痂同时存在；皮疹分布呈向心性，开始为躯干，以后至面部、头皮，四肢远端较少，瘙痒感重；黏膜皮疹可出现在口腔、结膜、生殖器处，易破溃形成浅溃疡。若无继发感染，水痘结痂脱落后不留疤痕；如为继发细菌感染，可留疤痕。

（2）重症水痘：多发生于体弱儿、应用激素或免疫功能受损患儿。病情较重，高热，疱疹布满全身，呈大疱状。继发细菌感染可引起败血症。

（三）治疗

无并发症的水痘不需特殊处理，主要是对症处理和预防皮肤继发感染。保持皮肤清洁，避免瘙痒，如剪短患儿指甲，以防抓破疱疹；勤换内衣，减少继发感染。局部或全身使用止痒镇静剂。发热时应卧床休息，使用退热剂，给予易消化的饮食及充足的水分。可加用抗病毒药，注意防治并发症。有继发感染时可选用有效的抗毒素，水痘患者不宜使用激素以免引起病毒播散。

（四）预防

（1）管理传染源：对可疑或确诊为水痘的患者应进行隔离，一般可在家中隔离，隔离患儿至皮疹全部结痂为止，一般两周左右。

（2）切断传播途径：托育机构中对已经接触的易感者应检疫21天，要加强对空气和物品的消毒，以防止疾病流行。

（3）保护易感者之被动免疫：对使用大剂量激素、免疫功能受损和恶性病的患者，在接触水痘72小时内可给予水痘带状疱疹免疫球蛋白，进行被动免疫。

（4）保护易感者之主动免疫：接种水痘减毒活疫苗对自然感染的预防效果为68％～100％。

八、流行性腮腺炎

流行性腮腺炎是由腮腺炎病毒引起的急性呼吸道传染病。

（一）流行病学

通过直接接触、飞沫、唾液污染食具和玩具等途径传播，一年四季都可流行，以冬末春初多见。学龄前期和学龄期儿童多见，2 岁以下少见，在托育机构和学校中易流行。感染本病后可获终身免疫。

（二）临床表现

通常潜伏期为 14～25 天，平均 18 天。多数患儿无前驱症状，少数可表现为发热、头痛、肌痛等。腮腺肿大常是腮腺炎首发体征，一般一侧先肿 2～3 天后，对侧腮腺亦出现肿大，有时肿胀仅为单侧，腮腺肿大可同时有颌下腺肿大，或仅有颌下腺肿大而无腮腺肿大。腮腺肿大的特点是以耳垂为中心，向前、后、下扩大，边缘不清，触之有弹性感，有疼痛及触痛，表面皮肤不红，有灼热感，张口、咀嚼尤其是吃酸性食物时疼痛加重。肿痛在 3～5 天达到高峰，一周左右消退，持续 7～10 天。

（三）并发症

（1）脑膜炎、脑膜脑炎为婴幼儿期最常见的并发症。

（2）睾丸炎是男孩最常见的并发症。

（四）治疗

发现患儿应实行隔离，主要是对症治疗，加强护理和抗病毒治疗，防止并发症发生。患儿应卧床休息，适当补充水分和营养，饮食应根据病人咀嚼能力决定，忌让患儿吃辣、酸性食品和过烫的食品，保持口腔卫生。腮腺局部可用如意金黄散、紫金锭调醋外敷，也可用新鲜的仙人掌捣碎外敷，有助于消肿。

（五）预防

（1）被动免疫：可给予腮腺炎免疫 γ 球蛋白，效果较好。

（2）主动免疫：常规给予减毒腮腺炎活疫苗或麻疹、风疹、腮腺炎三联疫苗，99%可产生抗体。

（3）隔离：患儿隔离至腮腺肿胀完全消退，有接触史的易感儿应检疫 3 周。托育机构在检疫期间要加强晨检和消毒工作。

九、手足口病

手足口病是肠道病毒引起的常见传染病之一，多发生于 5 岁以内的婴幼儿，可引起发热和手足、口腔等部位的皮疹、溃疡。

（一）流行病学

患者、隐性感染者和无症状带毒者为该病流行的主要传染源。主要是通过人群间的密切接触进行传播的。患者咽喉分泌物及唾液中的病毒，可通过空气飞沫传播。唾液、疱疹液、粪便污染的手、毛巾、手绢、牙杯、玩具、食具等，通过日常接触传播，亦可经口传播。

手足口病的患者主要为学龄前婴幼儿，好发于3岁以下婴幼儿，4岁以内发病的婴幼儿占发病总数的85%～95%，故幼儿园和托儿所易发生集体感染。手足口病四季均可发病，但流行的高峰期是春夏和夏秋季，冬季发病较为少见。一般在发病后一周内传染性最强。本病传播途径复杂，流行强度大，传播快，在短时间内即可造成大流行。

（二）临床表现

潜伏期一般为2～7天，没有明显的前驱症状，多突然发病。约半数患儿于发病前1～2天或发病的同时有发热，多在38℃左右，1～2天内手、脚和口腔内出现疱疹。口腔疱疹可发生在口腔黏膜的任何部位及咽、舌和牙龈处，疱疹破溃后形成溃疡，较大的婴幼儿常诉口腔和咽喉疼痛，较小的婴幼儿表现为哭闹、拒食、流口水。手和脚上的疱疹多出现在手掌、脚掌和手指、脚趾间的皮肤上，有时肘部、整个下肢甚至到臀部周围都会出现疱疹。疱疹最初为米粒大小的红疹，很快在红疹的顶部形成小水疱。这些水疱疹的形态比水痘疱疹小，多数患儿症状轻微，可自然痊愈，病程约为7～10天。

（三）治疗

手足口病目前尚无特效治疗方法，以对症治疗和护理为主，绝大多数轻症患儿不用住院。

（1）保持室内空气流通。

（2）休息及饮食：患儿一周内应卧床休息。患儿因发热、口腔疱疹，胃口较差，不愿进食，故饮食宜清淡、可口、易消化，口腔有糜烂时可以让其吃一些流质食物。患儿禁食冰冷、辛辣、过咸等刺激性食物。

（3）口腔的护理：应保持口腔清洁，预防细菌继发感染。

（4）皮疹的护理：患儿衣服、被褥要清洁，衣着应宽大、柔软、经常更换。剪短患儿指甲，防止抓破皮疹。疱疹破裂者，可局部涂搽抗生素软膏。

（5）发热的护理：如是低热或中等度热，无须特殊处理，可让患儿多饮水，如体温超过38.5℃，可在医生指导下让患儿服用退热剂。若发现患儿有高烧不退、嗜睡、不安、严重呕吐、意识不清或抽搐、严重咳嗽、呼吸急促等症状，应立即到医院治疗。

（四）预防

（1）做好疫情报告，及时发现病人，积极采取预防措施，防止疾病蔓延扩散。

（2）加强消毒隔离工作。首先应及时将患儿隔离，留在家中，直到热度、皮疹消退和水泡结痂。一般须隔离 2 周。患儿用过的玩具、餐具或其他用品应彻底消毒。一般常用含氯的消毒液浸泡消毒或用煮沸消毒。不宜蒸煮或浸泡的物品可置于日光下曝晒。患儿的粪便须经含氯的消毒剂消毒 2 小时后倾倒。疾病流行期间幼儿园应加强晨检和消毒工作。

（3）养成良好的卫生习惯。让婴幼儿知道勤洗手，不与他人共用毛巾、牙刷和餐具，避免病从口入。

（4）加强营养，让婴幼儿经常参加室外活动，提高抵抗力。在病毒流行期间家长要少带婴幼儿去人多的公共场所，注意室内通风。

（5）与患儿密切接触者可用大青叶、板蓝根、抗病毒口服液等进行预防。①

第三节　计划免疫与预防接种

一、计划免疫目的

计划免疫就是为了预防相关传染病而使用研制的生物制品进行预防接种，以提高机体的免疫水平，达到控制和消灭相应传染病的目的。

消灭和控制传染病的流行主要有三大环节：控制和消灭传染源；切断传染途径；提高人群免疫水平。预防接种就是提高人群免疫水平的重要手段。

二、免疫机制

预防接种的生物制品分为自动免疫和被动免疫。

（1）自动免疫就是人体曾经患过某种传染病，如出过水痘、患过腮腺炎，或者已染过该传染病毒但未发病、已产生对该病的免疫，这种免疫称为终身免疫。自动免疫中还有一种方式是通过预防接种而获得的免疫，称为人工自动免疫。

（2）被动免疫指通过母婴之间的胎盘传递、哺乳、口服或注射免疫制剂，如丙球、转

① 文颐，王萍 . 0～3 岁婴幼儿保育与教育［M］. 北京：科学出版社，2015.

移因子等，用人工的方式获得抗体，这种免疫在短时间内可以起到预防相应传染病的作用，但过了这个免疫期还是容易感染。

三、生物制剂种类

（1）菌苗、疫苗：细菌和病毒经过灭菌处理以减毒或灭活，成为毒力很低或无毒但免疫性较高的生物制品，如卡介苗、脊髓灰质炎疫苗、麻疹疫苗、腮腺炎疫苗、流感疫苗等。

（2）类毒素：用细菌产生的外毒素经过脱毒，使其成为无毒的抗原性制品，如百白破类毒素等。

（3）免疫制剂：如免疫血清、免疫球蛋白、狂犬疫苗等。

四、季节性接种时间

（1）流脑 A 群多糖疫苗：每年 11～12 月进行接种，初种对象为 10～22 月龄婴幼儿；初种为 2 针，两针间隔为 15～30 天；初种后 4 年复种 1 次。

（2）乙脑灭活疫苗：每年 3～5 月进行接种，初种对象为 6～18 月龄婴幼儿；初种为 2 针，两针间隔 7～10 天；初种后 1 年、5 年分别复种 1 针。

（3）乙脑减毒活疫苗：每年 3～5 月进行接种，初种对象为 12～24 月龄婴幼儿；初种为 1 针；初种后 1 年、6 年分别复种 1 针。此疫苗为换代产品，试用后逐步推广。

五、预防接种注意事项

（1）托育机构配合防疫部门做好预防接种工作，做好婴幼儿的预防接种登记。

（2）集体接种前要做好准备工作，事先通知家长，以保证婴幼儿的出勤率，对过敏性体质婴幼儿要谨慎接种，并征得家长同意。

（3）接种后需密切观察半小时以上。

（4）家长带去的个案接种婴幼儿，托育机构要进行登记记录，以便进行接种后的观察。

（5）接种卡介苗后 2～8 周，局部会出现红肿和脓疱，注意不要碰破，它会自行消退吸收，有些婴幼儿会出现腋下淋巴结肿大，数周后消退。

（6）小儿麻痹糖丸是活疫苗，服用时要用冷开水，用热水会影响效果，接种期间腹泻的婴幼儿不要服用。

（7）流脑和乙脑疫苗都是有季节性的，要抓住最佳时机，以免影响免疫效果，如乙脑疫苗一般在每年的 3～5 月接种。

（8）正在发热，或有严重皮肤病、哮喘、腹泻的婴幼儿要暂缓接种，已患过相应传染病的婴幼儿不需接种。

（9）注意接种器械的消毒或采用一次性接种用品，生物制品要注意保存在冷暗处，以免受光、热、冻的影响而产生变性，失去效用。一般疫苗不宜放在冷冻层里。相应保存温度在 4～8℃为佳。[①]

六、预防接种反应处理

婴幼儿接受预防接种后，可能出现一些反应，但这些反应大多不需要特殊处理，只要给予一些对症观察和处理就可以了。为了避免一些异常反应的发生，在接种前认真做好登记询问工作，仔细核对婴幼儿姓名、班级、疫苗名称，切勿漏种、错种或剂量发生差错。常见的预防接种反应有以下几种。

（1）接种后婴幼儿在当天 8～24 小时内会出现烦躁、睡不安稳现象，注射局部红、肿、热、痛，但较轻微，如无其他异常反应，可不做处理，适当增加饮水量，密切观察。

（2）有些婴幼儿出现发热现象，但体温大多不高，多在 38℃左右，需咨询医务人员遵医嘱处理。

（3）如出现高热、惊厥、严重皮疹、喘憋、呼吸困难、抽搐等症状应及时送医。

（4）对接种时因粗心大意造成的漏种、误种、错种，除给漏种的要补种外，对误种、错种的要通知家长，让其享有知情权，并迅速就有关问题请教传染病医生或疾控中心的医生。对婴幼儿进行 72 小时的全日观察或更长时间的观察，发现异常立即送医院。

本章小结

本章首先介绍了婴幼儿常见疾病照护的相关内容，然后介绍了婴幼儿常见的疾病有哪些及如何防治，接着介绍了常见的传染病及其科学防控，最后拓展了计划免疫和预防接种的相关知识。

① 文颐，王萍．0～3 岁婴幼儿保育与教育［M］．北京：科学出版社，2015.

同步练习

一、选择题

1. 以下哪种是呼吸道疾病？（　　）

A. 缺铁性贫血　　B. 肥胖症　　C. 扁桃体发炎　　D. 脚气病

2. 阳光中的紫外线照射到皮肤上可生成（　　）。

A. 维生素 A　　B. 维生素 B_1　　C. 维生素 C　　D. 维生素 D

3. 肥胖症属于（　　）。

A. 心身疾病　　B. 营养性疾病　　C. 消化道疾病　　D. 遗传性疾病

4. 计划免疫属于（　　）。

A. 自然自动免疫　　B. 自然被动免疫　　C. 人工自动免疫　　D. 人工被动免疫

5. 维生素 C 又名（　　）。

A. 硫胺素　　B. 胡萝卜素　　C. 抗坏血酸　　D. 叶酸

二、判断题

1. 急性支气管炎是指由于各种病原体引起的支气管黏膜炎症，由于气管常同时受累，故称为急性支气管炎。（　　）

2. 营养性缺铁性贫血是由体内铁缺乏导致血红蛋白合成减少所致。（　　）

3. 以身高别体重超过参照人群值 40%，作为诊断肥胖的界值点。（　　）

4. 厌食症是指短期的挑食，缺乏进食欲望。（　　）

5. 水痘是由水痘带状疱疹病毒初次感染引起的一种传染性极强的婴幼儿期出疹性疾病。（　　）

三、简答题

1. 婴幼儿常见的疾病症状有哪些？

2. 婴幼儿常见的传染病有哪些？

四、思考题

思考婴幼儿呼吸系统常见疾病及其防治措施。

第四章　婴幼儿照护

学习目标

知识目标

1. 了解婴幼儿平衡膳食的概念。

2. 熟悉婴幼儿睡眠和盥洗的实施要点及注意事项。

能力目标

1. 能够对婴幼儿进行营养膳食设计。

2. 能够正确指导婴幼儿睡眠和盥洗。

素养目标

1. 通过学习婴幼儿照护知识，提高学生对婴幼儿的生活照护能力。

2. 通过了解平衡膳食及生活照护的注意事项，培养学生热爱幼儿、关心幼儿的教师素质。

案例导入

不爱睡觉的欢欢

这天是欢欢小朋友的“百天”宴，前段时间因为疫情，欢欢的爸爸妈妈没有给孩子摆满月酒，所以现在孩子“百天”，就请亲朋好友们来给孩子过“百天”。

欢欢妈妈跟亲戚朋友诉苦道：“孩子老是不爱睡觉，白天基本不睡，晚上也磨人，睡觉很浅，最多半小时就醒来了；而且醒来就会大哭，也不好好喝奶，弄得家里人整天提心吊胆的。”

问题： 你如何看待上述现象？如果你是一位托育机构的工作人员，你会如何处理？

第一节　婴幼儿生活作息规划

一、婴幼儿合理生活作息规划的意义

人的心理状态和生理状态是相互促进的，尤其在婴幼儿时期更为突出。应当根据婴幼儿的年龄特征，对其一昼夜的各种活动和休息形式做出合理的安排，并准时交替，使婴幼儿有规律地生活，其生理需要得到尽可能充分的满足，自由活动不受束缚，从而能经常处于快乐状态。

日常生活作息是婴幼儿每日生活及具体时间的安排。编制婴幼儿日常生活作息是为了根据婴幼儿日常生活的基本需要，有计划地安排好生活活动、运动锻炼和各种游戏活动，在每天的生活中规定具体的时间，便于婴幼儿建立良好的习惯，也便于保育人员的工作。婴幼儿一日作息程序以婴幼儿的生理性需要的满足为前提，以培养婴幼儿的良好生活习惯为目标，以促进全面发展为根本任务。

二、婴幼儿生活作息一日规划

（1）合理安排婴幼儿一日生活，有利于婴幼儿神经系统的正常发育，有利于保护婴幼儿消化系统的功能，培养婴幼儿良好的生活习惯。

（2）根据园所内婴幼儿年龄特点、季节变化情况，制订婴幼儿一日生活安排计划。

（3）每周应对各班执行的婴幼儿一日生活安排计划进行有目的的检查、考核，及时发现问题并予以纠正。在执行生活安排计划时，必须岗位职责分工明确，各尽其责。

（4）合理掌握婴幼儿一日生活安排原则。将婴幼儿一日生活的主要内容，如睡眠、进餐、活动、游戏和作业等各个生活环节的时间、顺序、次数和间隔给予科学合理的安排，并结合季节变换特点，考虑家长的工作时间和需要。两餐间隔 3 小时，就餐时间 20～30 分钟。餐后散步 15～20 分钟。

（5）寓教于一日生活之中，注意动静结合、室内外活动结合。每日户外活动要充分利用阳光和空气，日托不少于 2 小时，全托不少于 3 小时，其中体育活动不少于 1 小时。

（6）由托育机构负责人、保健人员、保育人员共同制订婴幼儿一日生活安排计划，严格遵照执行，不得随意变更，以免扰乱婴幼儿的生物钟。午睡时间安排 2 小时，夏季可增加半小时。

（7）取得家长的配合，保证婴幼儿的出勤率。一般情况下，不允许婴幼儿迟入园、早离园或带食物到园内来吃，以免扰乱班级的生活常规。

第二节　婴幼儿的营养与膳食设计

一、膳食搭配

（一）膳食搭配原则

在对婴幼儿膳食进行搭配时，应该保证各种营养素的齐全，遵守粗细搭配、干稀搭配、荤素搭配、五色搭配等平衡膳食原则。

1. 食物多样，品种齐全

（1）没有一种天然的食品含有人体所必需的全部营养素，因而为婴幼儿提供的膳食应做到品种多样。品种多样的食物可以提供不同的营养素，食物中营养素数量充足、比例恰当，既能满足学前儿童的生理需要，又能避免营养失调。

（2）一日膳食中食物构成要多样化，各种营养素应品种齐全，各种营养素既要满足婴幼儿营养需要，又要防止过量。与此同时，营养素之间比例应适当，如蛋白质、脂肪、碳水化合物的供能比例为 1∶2.5∶4，其中优质蛋白质占蛋白质总量的 1/2～2/3，动物性蛋白质占 1/3；三餐供热比例为早餐 30%左右、午餐 40%左右、晚餐 30%左右。

（3）为婴幼儿准备的膳食，应做到色、香、味、形俱全，这样有利于婴幼儿增强食欲，促进机体的消化吸收。食物和餐具的颜色、食物的气味、口感、形状都会对婴幼儿的饮食有所影响。良好的进餐环境、愉快的情绪也有利于增强婴幼儿的食欲。

2. 科学加工，良好用餐

（1）食物经加工与烹调后应尽量减少营养素的损失，并提高婴幼儿的消化吸收率。具体来说，食物配制应以婴幼儿的咀嚼能力和消化能力为依据，尽量做到碎、细、软、烂，1～2 岁以泥或碎末为宜，2～3 岁以细丝、小丁、小片为主，3～4 岁可逐渐过渡到大块、整食。同时避免油腻和刺激性强的食物。

（2）婴幼儿胃储量小，消化代谢快。除正餐三餐外，根据年龄区别要相应在三餐中适当加餐来满足婴幼儿的营养需求。1～2 岁幼儿可以在早餐和午餐中用面点、牛奶、水果做加餐，午餐和晚餐中一般多用水果、糕点做加餐，晚上睡觉前也适当增加餐点进行能量补充。根据年龄的增长，将三餐三点逐渐变成三餐两点、三餐一点。培养幼儿良好就餐习惯的最佳时段是 1～3 岁，帮助幼儿养成餐前洗手的习惯，多用描述性语言鼓励幼儿自主就餐，避免挑食、偏食。

3. 无毒无害，饮食卫生

食物应无毒无害保证人体安全，食物中不应含有对人体造成危害的各种有害因素。食物中的有害微生物、人工化学物质、农药残留、人工食品添加剂等应符合国家对于食品安全的相关规定，严防食物中毒。为婴幼儿选择食物，应把安全性放在首位，选择的食物要符合安全、卫生、健康的要求，保证食物未受到病原微生物或其他有毒有害物质的污染，注重饮食卫生，有效规避食物中毒风险。此外，浓茶、米酒等刺激性强的食物不适宜婴幼儿食用。

（二）婴幼儿膳食指南

从出生后至满 2 周岁的阶段，构成生命早期 1 000 天关键窗口期中 2/3 的时长，该阶段的良好营养和科学喂养是儿童近期和远期健康最重要的保障。生命早期的营养和喂养对体格生长、智力发育、免疫功能等近期及后续健康产生至关重要的影响。为了帮助父母科学合理地喂养婴幼儿，使每一位儿童能够健康生长，《中国居民膳食指南》（以下简称“指南”）根据婴幼儿生长发育的特点，充分考虑当前婴幼儿喂养存在的各种问题，充分汲取了近年来国内外的婴幼儿营养学研究成果提出了中国婴幼儿喂养指南。①

指南包括：针对出生后 180 天内的婴儿提出了 6 月龄内婴儿母乳膳食指南，主要内容是：以纯母乳喂养为目标、鼓励尽早开奶，以获得成功纯母乳喂养；针对 7～12 月龄婴儿提出膳食指南，主要内容是以乳类为基础，及时合理添加辅食；针对 13～36 月龄幼儿提出膳食指南，主要内容是以补充营养和满足饮食行为正常发育为目标的辅食添加，强调顺应性喂养模式，以有助于婴幼儿健康饮食习惯的形成。

1. 6 月龄内婴儿膳食指南

（1）纯母乳喂养。

（2）产后尽早开奶，初乳营养最好。

（3）尽早抱婴儿到户外活动或适当补充维生素 D。

（4）给新生儿和 1～6 月龄婴儿及时补充适量维生素 K。

---

① 中国营养学会．中国居民膳食指南［M］．北京：人民卫生出版社，2016.

2. 7～12 月龄婴儿膳食指南

（1）乳类优先，继续母乳喂养。

（2）及时合理添加辅食。

（3）尝试多种多样的食物，膳食少糖、无盐、不加调味品。

（4）逐渐让婴儿自己进食，培养良好的进食行为。

3. 13～36 月龄幼儿膳食指南

（1）继续给予母乳喂养或其他乳制品，逐步过渡到食物多样化。

（2）选择营养丰富、易消化的食物。

（3）采用适宜的烹调方式，单独加工制作膳食。

（4）在良好环境下规律进餐，重视良好饮食习惯的培养。

（5）鼓励幼儿多做户外游戏与活动，合理安排零食，避免过瘦与肥胖，每天足量饮水，少喝含糖高的饮料。

（6）定期监测生长发育状况。

二、辅食添加

（一）辅食添加的基本原则

添加辅食必须按照一定的原则进行，否则可能对婴幼儿一生的健康产生不利。添加辅食的基本原则有：

（1）适龄婴幼儿在进行辅食的添加时，应根据月份大小进行营养规划，添加的辅食必须与婴幼儿的月龄相适应。

（2）从少量开始添加：辅食要从少量开始添加，如开始喂含铁的米粉只有 1～2 勺，以后逐渐增加。

（3）从稀到稠：添加辅食时，婴幼儿还没有长出牙齿，因此只能给婴幼儿添加流质食品，逐渐再添加半流质食品，最后发展到固体食物。

（4）由一种到多种：辅食要一种一种添加，不可将没有尝试过的食物混合在一起添加。每加一种食物，要尝试 3～5 天，适应后再添加另一种。如果发现婴幼儿对添加的食物（如花生、蛋清、牛奶等）过敏，可暂停食用，等婴幼儿消化道、免疫系统逐渐成熟后再行尝试。

（5）添加的辅食要新鲜：给婴幼儿添加的辅食，不能只注重营养，而忽略口味，这样不仅会影响婴幼儿的味觉发育，为日后挑食埋下隐患，还可能使婴幼儿对辅食产生厌恶，从而影响营养的摄取。

（6）辅食不能代替乳类：婴幼儿的主要食品是乳类，其他食品只是补充食物。

（7）要用匙子喂：添加的辅食都要用汤匙喂，不可使用奶瓶。

（8）健康的时候添加：在婴幼儿健康的时候添加辅食，生病或接种疫苗后可暂时不添加。

（9）吃过的东西要经常吃：婴幼儿已经学会吃的辅食，要经常给婴幼儿吃。

（10）添加的辅食要清淡：给婴幼儿添加的辅食要清淡。一般 12 个月之前不提供食盐，之后可以加少量的盐。2 岁之前不提供味精、鸡精等调味品。1 岁以内的婴儿不宜吃甜品，以避免体重过重。

（11）添加辅食时要有耐心：喂养者在给婴幼儿添加辅食的过程中必须要有足够的耐心。婴幼儿接受一种新食物，可能需要尝试 6～8 次，让婴幼儿尝试多次，甚至十数次。对吃过几次都吐出来的食物，仍然不可放弃，可以将其与婴幼儿喜欢的其他食物混合在一起喂给婴幼儿。

（二）辅食添加的顺序

1. 7～9 月龄婴儿辅食添加顺序

7～9 月龄属于辅食添加开始阶段，主要是让婴儿适应新的食物并逐渐增加进食量。添加辅食应在婴儿健康且情绪良好时开始，遵照辅食添加原则，循序渐进。

（1）为了保证母乳喂养，建议刚开始添加辅食时，先母乳喂养，在婴儿半饱时再喂辅食，然后再根据需要哺乳。随着婴儿辅食量的增加，满 7 月龄时，多数婴儿的辅食喂养可以成为单独一餐，随后过渡到辅食喂养与哺乳间隔的模式。每天母乳喂养 4～6 次，辅食喂养 2～3 次。不能母乳喂养或母乳不足时应选择合适的较大婴儿配方奶作为补充。合理安排婴儿的作息时间，包括睡眠、进食和活动时间等，尽量将辅食喂养安排在与家人进食时间相近或相同时，以便婴儿以后能与家人共同进餐。

（2）刚开始添加辅食时，可选择强化铁的婴儿米粉，用母乳、配方奶或水冲调成稍稀的泥糊状（能用小勺舀起不会很快滴落）。婴儿刚开始学习接受小勺喂养时，由于进食技能不足，只会舔吮，甚至将食物推出、吐出，需要慢慢练习。可以用小勺舀起少量米糊放在婴儿一侧嘴角让其吮舔。切忌将小勺直接塞进婴儿嘴里，令其有窒息感，产生不良的进食体验。第一次只需尝试 1 小勺，第一天可以尝试 1～2 次。第二天视婴儿情况增加进食量或进食次数。观察 2～3 天，如婴儿适应良好就可再引入一种新食物，如蛋黄泥、肉泥等富铁食物。在婴儿适应多种食物后可以混合喂养，如米粉拌蛋黄、肉泥蛋羹等。

（3）在给 7～9 月龄婴儿引入新的食物时应特别注意观察是否有食物过敏现象。如在尝试某种新食物的 1～2 天内出现呕吐、腹泻、湿疹等不良反应，须及时停止喂养，待症状消失后再从小量开始尝试，如仍然出现同样的不良反应，应尽快咨询医生，确认是否食物过敏。

（4）对于婴儿偶尔出现的呕吐、腹泻、湿疹等不良反应，不能确定与新引入的食物相关时，不能简单地认为婴儿不适应此种食物而不再添加。婴儿患病时也应暂停引入新的食物，已经适应的食物可以继续喂养。7～9 月龄婴儿每天保持 600ml 以上的奶量，并优先添加富铁食物，如强化铁的婴儿米粉等，逐渐达到每天 1 个蛋黄或鸡蛋（如果蛋黄适应良好就可尝试蛋白）和 50g 肉禽鱼，其他谷物类、蔬菜类、水果类的添加量根据婴儿的需要决定。

2. 10～12 月龄婴儿辅食添加顺序

（1）10～12 月龄婴儿已经尝试并适应多种类型的食物，这个阶段应在继续扩大婴儿食物种类的同时，增加食物的稠厚度和粗糙度，并注重培养婴儿对食物和进食的兴趣。

（2）10～12 月龄婴儿的辅食质地应该比前期加厚、加粗，带有一定的小颗位，并可尝试块状的食物。绝大多数婴儿在 12 月龄前萌出第一颗乳牙，可以帮助婴儿啃咬食物。此时婴儿的乳磨牙均未萌出，但婴儿牙床可以磨碎较软的小颗粒食物。尝试颗粒状食物可促使婴儿多咀嚼，有利于牙齿的萌出。

（3）合理安排 10～12 月龄婴儿的睡眠、进食和活动时间，每天哺乳 3～4 次，辅食喂养 2～3 次。辅食喂养时间安排在家人进餐的同时或在相近时，逐渐达到与家人同时进食一日三餐，并在早餐和午餐、午餐和晚餐之间，以及临睡前各加餐次。

（4）10～12 月龄婴儿应保持每天 600ml 的奶量；保证摄入足量的动物性食物，每天 1 个鸡蛋加 50g 肉禽鱼；一定量的谷物类；蔬菜、水果的量以婴儿需要而定。继续引入新食物，特别是不同种类的蔬菜、水果等，增加婴儿对不同食物口味和质地的体会，减少将来挑食、偏食的风险。不能母乳喂养或母乳不足的婴儿仍应选择合适的婴儿配方奶作为补充。

（5）特别建议为婴儿准备一些便于用手抓捏的“手抓食物”，鼓励婴儿尝试自喂，如香蕉块、煮熟的土豆块和胡萝卜块、馒头、面包片、切片的水果和蔬菜以及撕碎的鸡肉等。一般在 10 月龄时尝试香蕉、土豆等比较软的手抓食物，12 月龄时可以尝试黄瓜条、苹果片等较硬的块状食物。

（6）10～12 月龄婴儿在添加新的辅食时，仍应遵循辅食添加原则，循序渐进，密切关注是否有食物过敏现象。

3. 13～24 月龄幼儿辅食添加顺序

(1) 经过一段时间的辅食过渡，13～24 月龄的幼儿已经大致尝试过多种常见的食材。而随着幼儿自我意识的增强，这一阶段更应学习自主进食，也就是学会自己吃饭，并鼓励其尝试家庭食物，做到与家人共同进餐，以此逐渐适应一日三餐的日常家庭饮食。满 12 月龄幼儿能用小勺舀起食物，但大多散落；18 月龄时能吃到大约半勺的食物；而 24 月龄幼儿能较为熟练地用婴幼儿专用勺自喂，少有散落。

(2) 每天 1 个鸡蛋加 50～75g 肉禽鱼，每天 50～100g 的谷物类，蔬菜、水果的量仍然以幼儿需要而定。不能母乳喂养或母乳不足时，仍然建议以合适的幼儿配方奶作为补充，可引入少量鲜牛奶、酸奶、奶酪等，作为幼儿辅食的一部分。

4. 25～36 月龄幼儿辅食添加顺序

本阶段的幼儿膳食可根据中国学龄前儿童的膳食指南进行辅食的添加，每天谷类 75～125g、蔬菜水果类各 100～200g、鸡蛋 50g、奶类 350～500g、大豆 5～15g、油脂 10～20g、盐不高于 2g。

三、喂养方法

科学良好的喂养方法有利于促进婴幼儿健康，为其一生发展奠定良好基础。通过强化健康教育，向父母、养育人和社会公众传播婴幼儿科学喂养的重要意义，普及喂养知识和技能，是改善婴幼儿营养状况、减少和控制婴幼儿营养不良与疾病发生的重要措施。

(一) 12 月龄以内的婴儿喂养

1. 母乳喂养

母乳是婴儿最理想的天然食品。母乳喂养好处很多，世界各国都提倡母乳喂养。母乳中的营养成分含量和相互搭配比例都极适合婴儿，也易被婴儿消化吸收。母乳中含有多种抗体，可提高婴儿机体对疾病的抵抗力。母乳温度适宜、清洁卫生、食用方便且经济。母乳喂养可以加深母子之间的感情，使婴儿能感受到母亲的关怀和爱抚，从而获得安全感和满足感，有利于婴儿心理的健康发展。树立喂奶信心、早开奶、按需喂哺是母乳喂养的三个基本原则。孕妇分娩前应掌握有关母乳喂养的知识，懂得母乳喂养的重要性及方法，树立用自己的乳汁喂哺婴儿的坚定信念。这种思想准备会刺激大脑皮质，对分娩后的泌乳大有益处。

2. 尽早开奶

新生儿出生后第一次吮吸母亲的乳头叫开奶，这时分泌的乳汁叫初乳，初乳是黄色的，含有丰富的蛋白质和抗体，是新生儿出生后头几天的营养佳品。目前，世界各国都主张尽早开奶，一般在出生后半小时即可将新生儿抱在母亲的怀中，进行皮肤接触，继而让新生儿吮吸母亲的乳头，即可吃到少量初乳。有的母亲奶量极少或根本没有奶，也应让新生儿吮吸，这样可以促进乳腺的分泌，使母亲早下奶、多下奶。早开奶能使新生儿及早喝到营养价值高的初乳，有利于新生儿的健康。

3. 按需喂哺

在新生儿饥饿时应及时喂奶，不应定时喂奶。因为新生儿胃容量小，哺乳初期母乳分泌不足，新生儿每次吃进的奶量少，所以，在新生儿饥饿时应及时喂奶，这既可以满足新生儿的需要，解除其饥饿感，也可以促进母乳的分泌。随着乳汁分泌的增多，新生儿胃容积的增大，喂奶的时间间隔可以逐渐延长，喂哺的次数可逐渐规律化。

新生儿头几天吃奶时间较短，一般为 2～4 分钟，以后每次增至 8～10 分钟，最长不超过 20 分钟。喂哺前，母亲应清洁双手和乳头。母亲喂奶的姿势可坐可卧，以母亲感到舒适为宜。喂奶时，母亲一只手抱住婴儿，另一只手轻轻压住乳房，以免乳房堵住婴儿的鼻孔影响其呼吸，或乳汁流速太快呛着婴儿。应让婴儿吸空一侧再吸另一侧，以利于乳汁的分泌。哺乳完毕，应将婴儿抱起，头放在母亲的肩头，轻拍婴儿后背，以便其打嗝排气，防止溢奶。乳母应注意合理营养、劳逸结合、心情愉快，这样有利于乳汁分泌。

（二）13～36 月龄幼儿喂养

13～36 月龄的幼儿，生长发育十分迅速，对营养的需求量大。牙齿逐渐出齐，咀嚼能力有所提高，胃的容积在逐渐增大，胃肠消化能力也在逐渐增强，已基本接受了成人的饮食。但与成人相比，幼儿无论是消化能力，还是对各种食物的适应能力都是较低的，所以需要为幼儿专门调配膳食。

为幼儿准备的食物，应做到碎、细、烂、软、嫩，以适合他们娇嫩的消化系统。此时期幼儿的主食如米饭、面条等应做得软些，馒头、包子、花卷、馄饨、饺子等应做得小些。在菜肴方面，为幼儿准备的鱼、鸡、鸭等带骨、带刺的食物，应先脱骨去刺，或剁成馅做丸子、带馅食品、肉末，蔬菜应切成碎末状，2 岁后小儿的肉和蔬菜可切成小丁、小块或细丝状。幼儿的食物都不应带有辛辣味。

幼儿膳食的烹制应做到色鲜味美，不宜使用色素。在外形上，主食可做成幼儿喜爱的小动物形象，如金鱼卷、刺猬包、蝴蝶卷等，这可大大提高幼儿的食欲。

四、进餐环境创设

（一）鼓励婴幼儿进食，营造进餐环境

婴幼儿 6 个月至 2 岁添加辅食，2～3 岁基本可独立进食，喂养方式发生变化。从哺乳

逐渐过渡到喂食、自主进食、与家人同桌吃饭，这个过程可促进婴幼儿粗大动作、精细动作的发育，有利于家庭亲子关系建立，促进儿童情感、认知、语言和交流能力发展。父母和养育人要营造快乐、轻松的进食环境，鼓励但不强迫婴幼儿进食。引导婴幼儿与家人一起就餐，自主进食。关注婴幼儿发出的饥饿和饱足信号，与婴幼儿面对面充分交流，不以食物作为奖励和惩罚手段。婴幼儿进餐时不观看电视、电脑、手机等电子产品，每次进餐时间控制在 20 分钟左右，最长不超过 30 分钟。

（二）丰富味觉体验，提倡家庭自制

鼓励家庭选择新鲜、营养丰富的食材，自制多样化食物，为婴幼儿提供丰富的味觉体验，促进味觉发育。清淡口味有利于婴幼儿感受、接受不同食物的天然味道，降低偏食挑食风险，也有利于控制糖、盐摄入，降低儿童期及成人期发生肥胖、糖尿病、高血压、心脑血管疾病的风险。1 岁以内婴儿辅食应当保持原味，不加盐、糖和调味品。1 岁以后辅食要少盐少糖。2 岁以内婴幼儿辅食宜单独制作，保持食物清洁卫生，预防腹泻和其他疾病。2 岁后幼儿食用家庭膳食，仍要少盐少糖，避免食用腌制品、熏肉、含糖饮料等高盐高糖和辛辣刺激性食物。婴幼儿进食要有成人看护，不逗笑打闹，防止进食意外。整粒花生、坚果、果冻等食物易吸入气管，引起窒息，婴幼儿应当避免食用。

第三节 婴幼儿睡眠照护

一、睡眠环境创设

托育机构的从业人员只有深入了解婴幼儿睡眠的知识，才能够更好地让婴幼儿实现良好与健康的睡眠。睡眠是大脑广泛处于抑制过程的一种生理状态，它能使婴幼儿神经系统得到最有效的休息。与此同时，睡眠可以减少机体能量的消耗，为生长发育储备足够的能量和原料。

（一）婴幼儿睡眠环境的重要性

婴幼儿的生长速度在睡眠状态下是清醒状态下的 3 倍（位于大脑底部的脑下垂体所分泌的生长激素在睡眠时分泌得最多）。睡眠有助于婴幼儿的脑发育，有助于记忆力的增强。科学研究发现，脑细胞的发育完善过程主要是在睡眠中进行，睡眠有利于脑细胞的发育。睡眠不足，婴幼儿会烦躁不安、食欲不振，并影响体重增长，使抵抗力下降。基于以上生理学依据，给婴幼儿营造一个安静舒适的睡眠环境显得尤为重要。

(二)创造适宜婴幼儿睡眠的条件

(1)睡前开窗通气,室内禁止吸烟。

(2)保持卧室安静、调暗灯光,室温控制在18~25℃。

(3)拉上深色窗帘。

(4)软硬适中的木板床,与季节相符合的被褥。

(5)睡前不做剧烈的运动和逗玩,避免过度兴奋。

(6)睡前漱口或刷牙、洗脸、洗脚、洗臀部。

(7)睡前排尿。

(8)穿宽松的、柔软的睡衣,不要穿得过多。

(9)让婴幼儿单独睡在一张小床上。

(三)睡房安全设施

(1)窗户安全要求:窗户要有防护栅栏,以免婴幼儿探望窗外而失重跌出窗外。

(2)睡床安全要求:睡床四周要有床栏,床栏的高度应达到婴幼儿身高的2/3以上。床栏杆之间的距离不超过7cm。床头和床尾是整块护板。床头柜的四角应为圆角。柜上不放电风扇,柜内不放置药品等。

(3)衣橱安全要求:衣橱门要关好,以免婴幼儿爬入衣橱内,一旦有风吹来把衣橱门关上而造成窒息。

二、睡眠过程观察

(一)观察婴幼儿睡眠状态

(1)健康婴幼儿入睡后安静,呼吸均匀,头部略有微汗。

(2)如果婴幼儿出现睡眠不安、哭闹乱动、睡后易醒、发热、呼吸急促、脉搏加快、摇头抓耳、抽搐等现象,应尽快带婴幼儿去医院检查。

(二)婴幼儿睡眠充足的标准

(1)清晨自动醒来,精神状态良好。

(2)精力充沛,活泼好动。

(3)食欲正常。

(4)体重按正常的生长速率增长。

(三)婴幼儿睡眠过程防护

(1)喝奶后的睡姿。婴幼儿喝奶后入睡,应采取头偏右侧卧,不要仰卧。侧卧能防止溢出的奶堵住口鼻乃至引起窒息。

（2）独自睡小床。小床安放在大床旁边。无条件购置小床的家庭，婴幼儿应与大人分被窝睡，不与大人同床同被。如果婴幼儿与母亲同床同被，母亲常常会搂着婴幼儿边喂奶边睡觉，乳房可能会堵住婴幼儿鼻部妨碍婴幼儿呼吸。

（3）若婴幼儿不肯入睡，父母可以轻抚其头部、手、足或背部，轻言细语地对他说话或轻轻哼唱催眠曲，安抚婴幼儿的情绪，婴幼儿情绪稳定后就容易入睡。切不可抱着婴幼儿左右或上下摇晃。

（4）枕边不放小物品或玩具。婴幼儿喜欢吸吮手指或将任何东西拿到嘴里。因此在枕边不要放小糖果、小玩具、小手帕等物，以免婴幼儿抓到这些物品塞住口鼻。

三、良好睡眠习惯培养

（一）固定睡前程序

每天睡前安排固定程序，例如，睡前整理玩具、洗澡、更换尿布、更换睡衣、拉上窗帘、讲故事或唱儿歌、关灯。使固定程序与婴幼儿睡眠之间建立联系，形成条件反射，有助于婴幼儿按时入睡。

尽早使婴幼儿养成独自睡觉的习惯。婴儿出生就要培养其独立入睡的习惯。在婴幼儿还没有养成习惯时，对0～2个月婴儿可以轻轻地安抚拍打，对3～6个月婴儿可以在其似睡非睡时放到婴儿床里，对7～12个月婴儿睡前大人应陪伴在身边，让婴儿有足够的安全感。建议把婴儿床放在父母的房间里，一般当幼儿3岁左右，就可为其安排独立的卧房了。

（二）形成睡眠习惯

（1）按时上床和起床。

（2）睡前不看刺激性强的电视节目、不讲可怕的故事、不玩新的玩具、不打骂孩子。

（3）保持良好的睡眠姿势：不蒙头、不含奶头、不咬被角、不吮手指。

（4）按婴幼儿的年龄合理保障睡眠的时间和次数。

四、睡眠安全照护

（一）防止婴幼儿坠床

（1）婴幼儿独自在床上时，一定要围上围栏。

（2）当婴幼儿在没有围栏的床上时，大人不能离开婴幼儿，哪怕是很短暂的时间。

（3）婴儿床边可以铺长毛绒地毯，一旦发生婴幼儿坠床可以起到缓冲作用，以免婴幼儿直接摔在地板或地砖上。

（4）当婴儿床安置到固定位置后，必须检查床上围栏装置和床脚轮子是否锁住。

（5）床与墙壁之间要么衔接紧密，要么留出 50cm 以上的距离，以防婴幼儿坠床后头部卡在床与墙壁之间而引发严重后果。

（二）防止婴幼儿窒息

（1）避免在婴儿床围栏上放置尿布、塑料纸等物品，以防被风吹落后遮住婴幼儿的口鼻引起窒息。

（2）婴幼儿睡觉的枕边应保持整齐，不要放置尿布、塑料围嘴等物品，以防这些物品堵住婴幼儿的口鼻引起窒息。

第四节　婴幼儿清洁养护

一、婴幼儿身体清洁养护

（一）婴幼儿口腔清洁

从婴幼儿开始喝奶后就有口腔清洁需求，尤其是 4 个月以内的婴儿水分摄取的主要来源为乳汁，因此残留在口腔中的奶垢及舌苔容易滋生细菌并产生异味，更容易造成口腔的感染，严重时将变成鹅口疮。因此从新生儿阶段开始就可以为婴幼儿清洁口腔，主要目的不仅在于保持口腔清洁，更是让婴幼儿从小习惯清洁口腔的感觉。一般婴幼儿第一颗牙在 6～7 个月时长出，到周岁时可长出 6～8 颗乳牙，但长牙时间和顺序因人而异，通常只要在婴幼儿满周岁前长出牙齿，都属于正常。婴幼儿长出乳牙后可以在饭后 1～2 小时进行清洁，以避免吐奶、溢奶的情形发生。要为婴幼儿彻底做好牙齿清洁的工作，才能维持口腔健康，预防奶瓶性龋齿的发生。若是无法在用餐后替婴幼儿清洁牙齿，则必须在其睡前完成清洁工作。婴幼儿进入长牙阶段时，伴随牙龈痒或牙龈肿胀带来的不适感，婴幼儿的情绪会变得烦躁、难安抚，也容易因为常流口水，导致下巴或嘴角产生红疹，此时照顾者需要多一些耐心，协助、陪伴婴幼儿度过这个时期。婴幼儿从 6 个月开始出牙，到 2 岁半左右基本长齐 20 颗乳牙。

（二）婴幼儿脸部清洁

婴幼儿虽然未必每日外出，但是皮肤仍会有出汗和皮脂分泌的现象，脸部也常会接触自己及成人的手和其他生活物品，只要口水、奶水没擦干净，都容易引来细菌，甚至产生过敏症状。因此每天都需要帮婴幼儿洗脸，一天的完整清洗次数以两次为主，合适的时间是在早晨起床或用餐后，也可以在洗澡时一起进行清洁。由于婴幼儿的免疫机能还没发育完全，建议全程以温水清洗，不会造成刺激，擦拭应温和缓慢，减少刺激感。脸部的不同地方也要使用不同的纱布巾部位进行清洁，以避免交互感染。脸部各部位清洁重点如下：

（1）眼睛清洁：眼睛容易感染细菌，如果发现婴幼儿有眼屎，可用棉花棒沾水后再抹掉。清洁时，务必使用干净的水，要轻压整个眼睛，不要太用力，由眼头往眼尾一次性擦拭脏污即可，不需要来回擦，以免将污染物因来回擦拭造成感染。

（2）鼻子清洁：婴幼儿的鼻孔较小，有时会有鼻屎堵塞在鼻子内部，清洁时可以趁洗澡时有水蒸气，用棉花棒沾水，让适度的水汽进入鼻腔，轻轻在鼻子口处慢慢旋转或轻点，引出鼻屎。

（3）耳朵清洁：婴幼儿耳道非常狭小，清洁范围是耳朵外侧及耳洞口。不建议使用棉花棒或其他工具深入耳道进行清洁，这容易使耳道受伤感染。如果外耳道有进水的情况，可以让婴幼儿侧躺，顺势让水流出。

（三）婴幼儿手部清洁

婴幼儿对外界充满好奇心，整天爬来爬去，看到东西就想要摸一摸、舔一舔、尝一尝，增加了病从口入的可能性。洗手是预防病毒和细菌感染的一道重要防线，正确洗手能减少病菌感染的机会。因为块状肥皂较容易沾留细菌，洗手时最好能使用洗手液，并严格遵守“湿、搓、冲、捧、擦”的原则，以减少病菌的传播。

二、婴幼儿大小便清洁养护

新生儿皮肤娇嫩，每次的尿量不一定很多但可能一天多达 10 次以上，建议每隔 3～4 小时观察是否有尿布更换的需求，避免让婴幼儿的屁股长时间浸润在湿尿布中，以免产生尿布疹。此外，随着婴幼儿体型增长和体重增加，照顾者必须替婴幼儿更换尿布型号。

换尿布前先将所需的用品准备妥当，并置于随手可得之处，换下来的尿布务必卷包好，丢进有盖子的垃圾桶内。换完尿布将尿布台及垫子用消毒液擦拭一遍，可减少细菌滋生。

三、盥洗安全防护

（一）盥洗安全设施

（1）冷热水龙头必须随时关紧，安装高度应该在婴幼儿接触不到之处。水龙头漏水时应及时修理。

（2）澡盆边放块大浴巾，供婴幼儿浴后包裹身体用。

（3）浴缸边的地上铺上地毯，防止洗浴后因地上有水滑倒、跌伤。

（4）浴缸上安放一块厚木板，供放婴幼儿澡盆用。

（5）1岁左右的幼儿可用淋浴喷头冲淋。

（6）剃刀、牙膏、化妆品等用品应放置在高处的玻璃柜内，防止婴幼儿接触。

（二）盥洗时安全防护

（1）洗澡水的温度要预先调好，应先放冷水再加热水至水温适宜。

（2）洗澡时父母不可离开婴幼儿，不能让他独自坐在澡盆中玩水，防止婴幼儿跌出盆外受伤或倒入浴缸中溺水。

（3）平时要将浴室门关好，以免在无人看管时婴幼儿进浴室发生意外。

（4）冬季洗澡时如采用电炉保暖，应将电炉放在婴幼儿接触不到的地方，以免婴幼儿触及后烫伤。

本章小结

本章主要从进餐照护、睡眠照护和身体清洁养护三个方面对婴幼儿生活照护进行分析和总结。在婴幼儿的进餐照护中，应注重婴幼儿的平衡膳食，并根据不同年龄段婴幼儿的平衡膳食宝塔进行餐食的设计和制备，使婴幼儿能够较好地度过从母乳喂养至辅食搭配的过渡期；与此同时，学会制备婴幼儿辅食，并进行科学全面喂养。在婴幼儿睡眠照护中，应注重婴幼儿困倦信号的识别，学会观察婴幼儿睡眠过程中可能出现的危险性行为，并做好睡眠的安全防护工作。在婴幼儿清洁养护方面，应着重以婴幼儿盥洗（洗手、洗脸、洗澡等）为照护主要方向，以婴幼儿安全为重，帮助婴幼儿安全地进行身体的清洁养护。

同步练习

一、选择题

1. 婴幼儿（　　），会影响睡眠。

A. 吃饱　B. 饥饿

C. 吃了适量水果之后　D. 喝了适量水之后

2. 母乳富含婴幼儿所需的多种免疫物质，可预防（　　）疾病。

A. 感染性与传染性　B. 营养性

C. 神经性　D. 免疫性

3. 下列不属于幼儿洗手步骤的是（　　）。

A. 挽起袖子　B. 打开水龙头

C. 系好裤子　D. 清水冲一下

4. 尿布疹的原因有（　　）。

A. 粪便引起　B. 霉菌引起

C. 细菌引起　D. 以上都是

5. 婴幼儿学习使用餐具是一个循序渐进的过程，（　　）。

A. 一定要有耐心　B. 不要随便责怪幼儿

C. 应给予鼓励　D. 以上都是

二、简答题

1. 如何营造适宜婴幼儿睡眠的条件？

2. 婴幼儿洗手有哪些注意事项？

三、思考题

如何有序为婴幼儿添加辅食？

第五章　婴幼儿安全防护

学习目标

知识目标

1. 了解婴幼儿常见伤害的原因。
2. 总结托育机构安全事故的发生原因。

能力目标

1. 能进行婴幼儿意外伤害的处理。
2. 掌握托育机构突发事故的预防措施和应急处理方法。

素养目标

1. 通过学习婴幼儿安全防护知识，了解托育机构安全防护的重要性。
2. 通过了解婴幼儿安全防护知识，认识在婴幼儿教育过程中关注婴幼儿安全的重要性。

案例导入

活动室的意外

乐乐是一个三岁的小男孩，今天上学的时候从家里带了一把炒黄豆，在活动室里玩的时候边吃边玩，不小心把黄豆塞进了鼻孔里。他一边大哭，一边用手往外抠黄豆。乐乐的哭声吸引了主班老师王老师，王老师取来一把镊子，也加入了抠鼻的行列。

问题：王老师的做法对吗？如果你是一位托育机构工作人员，你会如何处理？

第一节　常见伤害

一、窒息

窒息是指呼吸道内部或外部障碍引起血液缺氧的状态。

（一）原因

常见的婴幼儿窒息原因包括被床上用品、成人身体、塑料袋等罩住口鼻；吸入和咽下食物、小件物品、呕吐出的胃内容物等阻塞气道；绳带等绕颈造成气道狭窄；长时间停留在密闭空间导致缺氧等。

（二）处理方法

婴幼儿如发生窒息，应根据导致窒息的原因，采用不同的施救方法。如果是非异物阻塞气管造成的窒息，如缺氧、溺水等，则要立即进行心肺复苏，同时要注意婴幼儿的身体还未发育成熟，采取相应措施时力度要适中。如果是异物阻塞气管造成的窒息，如在吃饭或游戏时，突然有异物卡入气管，则可采用海姆立克急救法。如无效应立即送医院抢救。

（三）安全管理

制定和落实预防婴幼儿窒息的管理细则，主要内容包括：婴幼儿生活环境和娱乐运动设备导致窒息风险的定期排查和清除；婴幼儿睡眠、喂养照护与管理；婴幼儿服饰、玩具安全管理；保育人员预防婴幼儿窒息的安全教育和技能培训。

（四）改善环境

（1）将绳带、塑料袋、小块食物、小件物品等可造成婴幼儿绕颈或窒息的物品放在婴幼儿不能接触的位置。

（2）使用玩具、儿童用品等前后，检查有无零件、装饰物、扣子等破损、脱落或丢失。

（3）排除护栏、家具、娱乐运动设备中可能卡住婴幼儿头颈部的安全隐患。

（4）在橱柜、工具房等密闭空间设置防护设施，防止婴幼儿进入。①

（五）加强照护

（1）婴幼儿睡眠时，检查其口鼻是否被床上用品、衣物等覆盖，并及时清除。

---

① 国家卫生健康委．托育机构婴幼儿伤害预防指南（试行）．2021－01－12.

（2）不喂食易引起窒息的食物；婴幼儿进食时保持安静，避免跑跳、打闹等行为。

（3）婴幼儿在娱乐运动设备上玩耍时，加强看护，避免拉绳、网格等造成窒息。

二、跌倒伤

跌倒伤是指一个人因倒在地面、地板或其他较低平面上的非故意事件造成的身体损伤。

（一）原因

常见的婴幼儿跌倒伤原因包括：滑倒；从家具、楼梯或娱乐运动设备上跌落；等等。婴幼儿正处于运动能力的发展过程中，跌倒较常见，托育机构应加强防护，预防婴幼儿跌倒伤。

（二）处理方法

（1）闭合性损伤：表皮血肿却无伤口者，可在24小时内用冰毛巾冷敷，24小时后热敷。

（2）开放性损伤：如表皮擦伤，首先用双氧水或生理盐水冲洗伤口，清除污物和沙土后，涂一些消炎药膏。如伤口较深且出血多，立即止血，可先用消毒纱布将局部包扎压迫止血，再送医院缝合处理，途中要把受伤部位抬高。

（3）颜面部皮肤损伤裂口须给予止血，并送医院清创缝合。

（三）安全管理

（1）制定和落实预防婴幼儿跌倒伤的管理细则，主要内容包括：严格执行《托儿所、托育机构建筑设计规范（2019年版）》相关条文。

（2）婴幼儿生活环境和娱乐运动设备跌倒伤风险的定期排查和清除。

（3）婴幼儿玩耍娱乐、上下楼、睡眠等活动的安全照护与管理。

（4）婴幼儿服饰、玩具安全管理。

（5）保育人员预防婴幼儿跌倒伤的安全教育和技能培训。

（四）改善环境

（1）地面应平整、防滑、无障碍、无尖锐突出物，并宜采用软质地坪；清除可能绊倒婴幼儿的家具、电线、玩具等物品。

（2）楼梯处装有楼梯门，确保婴幼儿不能打开。

（3）规范安装娱乐运动设备，设备周围地面使用软质铺装。

（4）婴幼儿床有护栏。

（5）在窗户、楼梯、阳台等周围不摆放可攀爬的家具或设施。

（6）墙角、窗台、暖气罩、窗口竖边等阳角处应做成圆角，家具选择圆角或使用保护垫。

（五）加强照护

（1）保育人员与家长沟通，为婴幼儿选择适宜活动的鞋、衣服等服饰。

（2）为婴幼儿换尿布、衣物时，保育人员应专心看护，始终与其保持近距离，中途不能离开。

（3）婴幼儿使用娱乐运动设备过程中或上下楼梯时，保育人员应加强看护，与其保持较近距离并确保婴幼儿在视线范围内。

（4）婴幼儿玩耍运动前，对玩耍运动环境、设备设施进行安全性检查。

三、烧烫伤

烧烫伤是由热辐射导致的对皮肤或者其他机体组织的损伤，包括皮肤或其他组织中的部分或全部细胞因热液（烫伤）、热的固体（接触烧烫伤）、火焰（烧伤）等造成的损伤以及由放射性物质、电能、摩擦或接触化学物质造成的皮肤或其他器官组织的损伤。

（一）原因

常见的婴幼儿烧烫伤原因包括热粥、热水等烫伤，取暖设备等烫伤，蒸汽高温等烫伤，火焰烧伤等。我国对烧烫伤分度如下：

（1）Ⅰ度烧（烫）伤：皮肤会出现红肿、疼痛的症状，且疼痛比较剧烈，感觉为火烧样疼痛。

（2）浅Ⅱ度烧（烫）伤：皮肤出现肿胀和水泡，并有疼痛感，而水泡破裂后创伤面会出现较多的渗液。

（3）深Ⅱ度烧（烫）伤：表现为水泡较小，创面呈淡红色或白中透红，能看到明显的小红点，皮肤深层有肉眼可见的紫黑色小血管网，皮肤的渗液较少，感觉迟钝，有疼痛。

（4）Ⅲ度烧（烫）伤：烧伤达真皮深层皮下组织，神经血管肌内及骨骼等均受到破坏，并伴有全身症状。创面蜡白或焦黄，甚至炭化，比较干燥，皮肤较硬，皮下有肉眼可见的紫黑色树枝样粗大的静脉网，无疼痛感觉。

婴幼儿皮肤细嫩，接触 60℃水 1 分钟即可形成Ⅰ度烫伤，70℃水 30 秒钟即可造成Ⅱ度烫伤，高于 80℃水 15 秒钟即可造成Ⅲ度烫伤。因此为婴幼儿洗澡时可用手臂内侧测试水温（38～40℃），以热而不烫为宜。

（二）处理方法

（1）脱离烧烫伤源，在皮肤出现水泡前立即用冷水浸冲局部降温，浸泡在干净冷水中20分钟。

（2）烧烫伤部位衣服粘连皮肤的，要立即用冷水浸透衣服，要小心地剪开衣服，避免损伤皮肤。

（3）烧烫伤面积较大的，不要随便涂药，可用消毒纱布或干净床单、衣服包裹，送往医院治疗。

（4）强酸、强碱灼伤，应先以清洁冷开水或1∶2 000高锰酸钾溶液冲洗后，送医院处理。

（三）安全管理

制定和落实预防婴幼儿烧烫伤的管理细则，主要内容包括：严格执行《托儿所、托育机构建筑设计规范（2019年版）》相关条文；婴幼儿生活环境烧烫伤风险的定期排查和清除；婴幼儿进食、玩耍娱乐、洗浴清洁等活动照护与管理；婴幼儿玩具用品、电器、取暖设备安全管理；保育人员预防婴幼儿烧烫伤的安全教育和技能培训。

（四）改善环境

（1）设置热水器出水最高温度应低于45℃。

（2）设置专门区域存放热水、热饭菜、温奶器、消毒锅等物品，专用房间放置开水炉，并设置防护措施防止婴幼儿接触；使用门栏或护栏等防止婴幼儿误入厨房、浴室等可能造成烧烫伤的区域。

（3）桌子、柜子不使用桌布等覆盖物，以避免婴幼儿拉扯桌布，热源物倾倒、坠落。

（4）化学用品、打火机、火柴等物品专门保管并上锁；不使用有明火的蚊香驱蚊。

（五）加强照护

（1）婴幼儿饮食、盥洗前检查温度。

（2）加热、取放热物时观察周围有无婴幼儿，避免因碰撞、泼洒造成烫伤。

（3）安全使用暖水袋等可能造成婴幼儿烫伤的用品。

四、溺水

溺水为一个因液体进入而导致呼吸损伤的过程。

（一）原因

常见的婴幼儿溺水地点包括：浴缸、水盆、水桶等室内设施；池塘、游泳池等室外场所。

（二）处理方法

（1）立即将婴幼儿救出水面。

（2）救出后先判断有无生命体征，如无生命体征，立即进行心肺复苏，同时拨打120。

（三）安全管理

制定和落实预防婴幼儿溺水的管理细则，主要内容包括：婴幼儿生活环境溺水风险的定期排查和清除；婴幼儿洗浴清洁、玩耍等活动照护与管理；保育人员预防婴幼儿溺水的安全教育和技能培训。

（四）改善环境

（1）托育机构内的池塘、沟渠、井、鱼缸、鱼池、涉水景观等安装护栏、护网。

（2）水缸、盆、桶等储水容器加盖，并避免婴幼儿进入储水容器所在区域。使用完水池、浴缸、盆、桶后及时排水。

（五）加强照护

（1）保持婴幼儿在保育人员的视线范围内，避免婴幼儿误入盥洗室、厨房、水池边等有水区域。

（2）婴幼儿在水中或水边时，保育人员应专心看护，始终与其保持近距离，中途不能离开。

五、中毒

中毒是指因暴露于一种外源性物质造成细胞损伤或死亡而导致的伤害。常见的毒物包括有毒食物、药物、日用化学品、有毒植物、有毒气体等。

（一）处理方法

1. 食物中毒

（1）发生食物中毒应立即报告有关单位，如区（县）卫生防疫站、妇幼保健院（所）、所辖地段医院防保地段保健科部门。

（2）必须尽快抢救患儿，不管中毒轻重，都要分秒必争，抢救治疗越早越好。首先要立即将患儿送往医院。如医院较远，对神志清醒的患儿，可帮助尽早消除胃内尚未吸收的毒物，进行催吐。简单方法是用手指、压舌板或筷子轻轻刺激咽部，引起呕吐，然后再送医院处理。

（3）将患儿送往医院后，厨房内食品均应保留样品，供化验和查明原因使用。

2. 药物中毒

（1）误服腐蚀性很强的药物，对患儿食道和胃黏膜刺激很大，应立即喝生蛋清、牛奶、稠米汤或豆浆之类的东西，这些东西可以附着在食道和胃黏膜上，起保护作用。初步处理后立即送往医院进一步处理。

（2）误服非腐蚀性药物时应立即催吐，用手指或压舌板刺激口咽部，使患儿呕吐后送往医院处理。

（3）送患儿去医院时要把误服药的药瓶带上，供医生抢救用药时参考。

3. 有毒气体中毒

（1）迅速更换空气，成人一看到婴幼儿出现异常，立即打开窗户，松解婴幼儿衣服，使其呼吸通畅。

（2）如果婴幼儿意识不清，应叫救护车送往医院接受治疗。

（二）安全管理

制定和落实预防婴幼儿中毒的管理细则，主要内容包括：婴幼儿生活环境中毒风险的定期排查和清除；婴幼儿安全用药；保育人员预防婴幼儿中毒的安全教育和技能培训。

（三）改善环境

（1）将药物、日用化学品等存放在婴幼儿无法接触的固定位置。

（2）规范使用消毒剂、清洁剂。

（3）使用煤火取暖的房间应有窗户、风斗等通风结构，并保证正常工作；正确安装、使用符合标准的燃气热水器。

（4）托育机构内不种植有毒植物，不饲养有毒动物。

（四）加强照护

（1）玩具及生活用品应安全无毒，同时保育人员要关注婴幼儿的啃咬行为，避免婴幼儿因啃咬而导致中毒。

（2）避免有毒食物引起婴幼儿中毒，例如有毒蘑菇、未彻底加热煮熟的扁豆等。

六、异物伤害

异物伤害是指因各种因素导致异物进入体内，并对机体造成一定程度损伤，出现了各种症状和体征，如食道穿孔、气道梗阻、脑损伤等。

（一）原因

婴幼儿异物伤害多因异物通过口、鼻、耳等进入身体造成损伤，常见的异物包括：食物、硬币、尖锐异物、电池、小磁铁、气球、玩具零件及碎片等。

（二）处理方法

1. 鼻腔异物

小异物进入鼻腔，可嘱咐婴幼儿用手紧按无异物的鼻孔，用力擤，使异物排出。如果年龄小的婴幼儿不合作，可用纸捻刺激鼻黏膜，使其打喷嚏将异物排出。当异物在鼻腔时间长，用上述方法无法排出时，不要自行挖取，应去医院取出异物。

2. 耳部异物

（1）体积较小的异物：可嘱咐婴幼儿将头歪向有异物侧，单脚跳，使其自行脱落。

（2）动物性异物：可用手电筒放在婴幼儿耳边诱动物性异物自行爬出。如效果不好，应去医院取出。

（3）体积大的异物：要送医院取出。

3. 眼异物

（1）千万不要用手揉眼睛，以免擦伤角膜。应立即用生理盐水冲洗眼睛，再滴眼药水，将异物冲出；也可翻开眼睑用消毒棉签蘸生理盐水或冷开水，拭去异物。

（2）异物嵌入角膜时，应立即将婴幼儿送往医院处理。

4. 咽、喉部异物

（1）细小的鱼骨刺可试让婴幼儿食用米醋，使骨软化，如骨刺粗大或为其他异物，要将婴幼儿送医院取出。不能随意让婴幼儿吃饭团或馒头强行把异物带下去。这样不仅不会生效，反而会把异物推向深处，给治疗带来困难。

（2）较大的异物嵌在咽喉部，可造成呼吸困难、急性喉梗阻而引起窒息。发现有声音嘶哑、呼吸困难现象，应立即将婴幼儿抱起，用手拍背，使异物咳出或改变位置，并急送医院处理。

5. 食道、胃异物

（1）异物较小、无毒、无腐蚀性，表面光滑能通过食道，可进食大量韭菜、芹菜、菠菜等多纤维食物，促进异物随大便排出，要连续观察 3 天大便是否有异物排出。

（2）停留在食道或嵌顿在狭窄部位的异物，应立即将婴幼儿送往医院用食管镜取出。

（3）胃、肠道的异物应及时将婴幼儿送医院进一步检查或手术取出异物。

（三）安全管理

制定和落实预防婴幼儿异物伤害的管理细则，主要内容包括：婴幼儿生活环境异物伤害风险的定期排查和清除；婴幼儿饮食、玩耍等活动照护与管理；婴幼儿食物、玩具、儿童用品安全管理；保育人员预防婴幼儿异物伤害的安全教育和技能培训。

（四）改善环境

（1）将硬币、电池、小磁铁、装饰品（例如项链、皮筋、耳环等）、文具（例如笔帽、别针）等小件物品放置在婴幼儿接触不到的区域。

（2）使用玩具、儿童用品等前后，检查有无零件、装饰物、扣子等破损、脱落或丢失。

（3）定期检查家具、娱乐运动设备有无易掉落的零件（例如螺丝钉、螺母等）、装饰物，并固定。

（五）加强照护

（1）及时收纳可能被婴幼儿放入口、鼻、耳等身体部位的小件物品。

（2）及时制止婴幼儿把硬币、电池等小件物品放入口、鼻、耳等身体部位的行为。

（3）选择适龄玩具，不提供含有小磁铁、小块零件的玩具。

（4）不提供易导致异物伤害的食物，如含有鱼刺、小块骨头的食物。

七、道路交通伤害

道路交通伤害是指道路交通碰撞造成的致死或非致死性损伤。

（一）原因

道路交通伤害常见于各种道路交通碰撞。道路交通碰撞是发生在道路上至少牵涉一辆行进中车辆的碰撞或事件。

（二）处理方法

（1）患儿受伤后未经急救包扎不要轻易搬动其肢体，特别是受伤的肢体，以免引起骨折移位、损伤血管或神经等，发生大出血，甚至使闭合性骨折转为开放性骨折。骨折处用木板固定，木板长度应超过近端及远端两关节间距离，检查和包扎时动作轻柔。如找不到合适的板或棍，可将患肢与健肢固定在一起，送往医院进一步处理。

（2）对开放性骨折可在伤口处覆盖消毒敷料（纱布），包扎伤口止血后再送往医院。

（3）送医院时间不得超过 3 小时，此时局部尚未发生严重的组织水肿，便于复位和进行急救处理。

（三）安全管理

制定和落实预防婴幼儿道路交通伤害的管理细则，主要内容包括：托育机构车辆安全要求和管理制度，携带婴幼儿出行安全管理制度；托育机构内车辆行驶、停放安全管理制度，运输婴幼儿出行车辆驾驶员的资质要求，儿童安全座椅安全使用要求；保育人员预防婴幼儿道路交通伤害的安全教育和技能培训。

（四）改善环境

（1）托育机构内将婴幼儿活动区域与车辆行驶和停靠区域隔离。

（2）托育机构出入口设立专门安全区域。

（3）托育机构出入口与道路间设置隔离设施。

（五）加强照护

（1）携带婴幼儿出行时，应严格遵守道路交通法规。

（2）携带婴幼儿出行时，密切看管并限制婴幼儿随意活动。

（3）携带婴幼儿出行时，给婴幼儿穿戴有反光标识的衣物。

（4）婴幼儿乘坐童车出行时，规范使用童车安全带。

第二节　托育机构突发事件处理方法

一、幼儿走失的预防与应急处理

（一）幼儿走失的含义

幼儿走失主要是指幼儿在托育机构保育人员、家长或监护人不知情的情况下，独自离开后失踪。

通常，刚进入托育机构的幼儿和性情较孤僻的幼儿容易因独自离开园所而走失。刚入园的幼儿对托育机构陌生的新环境还没有完全适应，加上与父母的分离焦虑较强烈，使得他们心里缺乏安全感，从而迫切地想离开托育机构到父母身边。性格较孤僻的幼儿也较容易走失，尤其是在他们因受到责备、批评而情绪低落时，他们喜欢选择逃离人群，躲到封闭的角落。此外，幼儿走失也容易发生在幼儿集体外出活动时，尤其是在人流较大的地方。

（二）幼儿走失的原因

1. 教职工安全意识不强

托育机构负责人和其他保育人员对幼儿在园安全工作不够重视、安全意识薄弱、责任心不强等主观因素是造成在园幼儿走失事件发生的根本原因。例如，保育人员在组织活动过程中未能按要求做到全程看护或转移场地时未能及时清点人数，导致幼儿独自离开队伍没有被及时发现；保育人员在未明确接送人身份前就将幼儿交予他人；保育人员没有对幼儿进行相关安全教育等。

2. 管理混乱或制度缺失

托育机构安全管理工作混乱或管理制度的缺失让不法分子有机可乘也是导致在园幼儿走失事件发生的重要原因之一。例如，托育机构门禁管理松散、接送制度有漏洞、安保人员配备不足等都可能导致不法分子有机会进入园所领走幼儿，或让幼儿独自走出园所而未被发现。

3. 防范设施设备不足

托育机构相关安全防范设施设备不足、损坏后未能及时维修或不符合规范也是造成在园幼儿走失的常见原因之一。例如，托育机构围栏设计不合理、栏杆的间隙过大或有损坏而未及时修理、监控设备未能覆盖主要场所和角落等都可能导致幼儿独自离开园所。

4. 幼儿自身因素

幼儿生活经验不足，安全防范意识和自我保护意识薄弱，他们容易轻信陌生人，容易低估托育机构外面可能存在的危险等，这些特点是其容易被冒领或走失的内在原因。例如，幼儿在食物、玩具等物品的引诱下往往容易轻信陌生人的话，并跟随其离开。尤其是在当前各种电子产品的吸引下，很多幼儿可能会被诱惑而进入不法分子的圈套。

（三）幼儿走失的应急处理

幼儿被冒领或走失对托育机构来说影响重大，保育人员及时、恰当的处理对找回幼儿或避免其受到伤害有重要意义。如果发现班级有孩子被他人冒领或走失了，保育人员应立即启动紧急处理预案，工作小组统一指挥、统一行动。

（1）安排好其他幼儿的看护。先请其他同事帮助看护好班级其他幼儿。

（2）启动应急预案。立即向托育机构负责人汇报情况，启动相关应急预案，应急小组各司其职，积极应对。

1）报警：负责通信的人员尽快拨打“110”报警电话，请求警察的帮助。同时，向警察提供事发时间、冒领者体貌特征和幼儿照片等有关信息。一旦有线索，及时与警方进行沟通。

2）沟通：负责家长沟通的人员及时通知幼儿家长，在表示歉意的同时接受家长的批评，尽可能安抚家长的情绪；一旦有线索，及时与家长进行沟通。

3）搜寻：负责搜寻的人员协助安保人员在园所内部及周边地区寻找有关线索。例如，及时调看视频监控系统，或者询问当时在场的家长、老师以及周边商铺人员是否留意到相关信息等。

（3）事后调查与追踪。警察和家长赶到托育机构后，保育人员应配合警察进行调查，共同参与搜寻工作；及时了解搜寻进展，与家长做好后续沟通并进行心理疏导。

（4）信息上报与公开。将事件详细信息上报相关机构或对外公开（如有必要）。

（5）记录归档。

（四）幼儿走失的防护措施

确保幼儿的安全是托育机构工作的重要前提。托育机构中的所有教职员工都应重视幼儿被冒领或走失的预防工作，杜绝此类事件的发生。需要强调的是，多方位的预防才是做好这项工作的根本所在。作为幼儿的临时监管方和主要责任方，托育机构可从以下几方面做好预防工作。

1. 建立完善的接送制度

建立完善的接送制度是预防托育机构幼儿被冒领或走失事件的重要措施，尤其是在入园和离园这两个人员进出频繁的环节。完善的接送制度应至少包括以下要求。

（1）幼儿接送环节应有固定的保卫人员、教师或家长志愿者值班站岗，维持接送秩序，避免人流拥挤；如发现陌生人在门口逗留，应留意并及时报告。

（2）幼儿接送环节应分时段进行，即乳儿班、托小班、托大班分时段入园和离园，且入园和离园的时间应有所控制，提高接送效率；对于班级数量较大的园所，可以细化到每个班级分时段完成接送。

（3）应提醒监护人在接送幼儿时及时打卡记录；为避免过多人员涌入园所内部，可要求监护人在入园时将幼儿送至门内，再让幼儿自行进教室，在离园时要求监护人到门口等待即可。

（4）监护人要提前接回幼儿时，保卫人员应先与教师电话确认后再由教师将幼儿送至门口，亲自将幼儿交给监护人。

（5）如监护人未能按时来园接回幼儿，教师应与监护人取得联系并适当等待，如延迟较久应将幼儿交由专人集中看护，并做好交接记录和沟通。

（6）幼儿接送人应尽量固定，如需临时更换接送人，教师应与监护人联系，在仔细确认、核实临时接送人的身份后才能完成交接。

（7）及时提醒监护人在幼儿接送环节不要在园所周边逗留，避免人员聚集。

2. 提高园所的安全保障水平

托育机构可以通过身份识别、录像监控等设备来增强幼儿在园内的安全保障。目前，运用在托育机构的身份识别设备有接送信息卡系统（给固定的接送人员发放接送卡，刷卡后才能进入托育机构）、人脸识别系统、指纹识别系统、虹膜识别系统等。而且，许多地区的园所与公安机关进行了联网，保卫人员可以通过对访客身份证进行扫描和头像拍照来确认其安全身份，这些都可以有效避免非接送人员进入园所内。此外，电子监控设备在托育机构内已经普遍被使用，尤其是主要位置，如大门口、教室、楼道走廊、操场、园所外围等，值班人员需实时监控，以便及时发现异常情况。

托育机构应安排专人定期检查园所的围栏、围墙是否出现破损，监控设备是否出现故障，如果出现损坏或故障应及时报修。此外，还应对教职工的日常安全工作进行监督和考核，发现问题及时提醒改正。

3. 增强教职工的安全预防能力

要有目的地培养托育机构教职员工对幼儿被冒领或走失事件的安全预防能力，主要包括提高教职员工（尤其是新进员工）对此类事件的预防意识，并落实以下几方面的预防措施。

（1）保育人员在幼儿离园时，应亲自完成交接工作，在家长未到的情况下不要让幼儿离开，更不能将幼儿交给无关人员看护。

（2）保育人员应熟悉班级每个幼儿的固定接送人，如果发现接送人有变化或很陌生时应提高警惕，并及时与家长取得联系，多方确认后才可以放行。如果发现幼儿对临时接送人有明显的排斥情绪，也应拒绝其离开，并通知幼儿的监护人。

（3）保育人员应尽快记住新入园幼儿的名字并熟悉他们的特征，尤其要多关注顽皮好动或性格孤僻的幼儿。

（4）保育人员应养成勤查人数的好习惯，明确掌握每天出勤、请假的人数，在一日活动或外出活动转移地点的前后都需要确保人数无误。

（5）如有人员临时来访，保卫人员应先做好访客身份识别和安全确认，然后在联系具体接待人员并做好来访登记后，才能允许其入园。

4. 定期进行安全教育和演练

托育机构应定期组织教师、幼儿和家长进行“防走失”“防冒领”的安全主题教育和模拟演练，并根据幼儿的年龄特点、兴趣爱好进行有针对性的预防教育。

例如，保育人员应教育幼儿记住家里的地址、父母的电话、就读托育机构的名字等信息；教育幼儿不要跟陌生人走，更不能自己离开托育机构；教育幼儿不能随便吃陌生人的东西，不要轻易相信陌生人的话，发现有人要强行带走自己时，应大声向周围的老师或成人求助。

5. 保护好幼儿的隐私信息

我国法律规定，托育机构有责任保护幼儿的隐私信息，尤其是涉及幼儿名字、家庭住址、父母信息（如工作单位、姓名、电话等）、其他家庭成员信息的内容都应该严格保密，不能透露给陌生人。因而，托育机构应做好档案管理工作，避免幼儿档案流出或遗失，这些信息如被犯罪分子利用，可能会对幼儿的安全造成潜在威胁。

二、踩踏的预防与应急处理

（一）踩踏的含义

踩踏是指因现场秩序失去控制而引发剧烈拥挤、混乱，导致师生伤亡的意外事故。研究表明，当人群密度过大时会产生群集现象，这时人群的行进速度是由人群的密度决定的。人群密度越大，群体的行进速度就越慢，当人群密度达到一定极限时，就会由于拥挤过度而不能前进，进而发生挤踏事件。

虽然国内的校园踩踏事故多发生在中小学，但托育机构是低龄儿童集中的场所，在各种大型集体活动中同样面临着踩踏事故的风险。因而，托育机构负责人和其他保育人员不能掉以轻心，应了解校园踩踏事故的相关知识，并掌握基本的应急处理技能。

（二）发生踩踏的原因

综合国内发生的校园踩踏事故可以发现，作为一种严重威胁校园安全的危机事件，踩踏事故的主要原因有以下几点。

1. 学校安全管理不当

学校管理者安全意识淡薄、管理不当等是校园踩踏事故发生的深层次原因。学校管理者对踩踏事故的危害认识不到位，漠视潜在的安全隐患，这是诱发安全事故的重要因素。有的学校没有制定针对性的防踩踏应急预案，有的学校即使制定了预案也只停留在纸上，而没有落实到实践中，或者安全疏散演练也仅流于表面。这使得保育人员和幼儿平时缺少对踩踏事故的预防意识，往往在踩踏事故突发时很快就进入秩序混乱状态，最终酿成悲剧。

2. 学校硬件设施故障

学校硬件设施故障或设计不合理是造成群体性踩踏事故的客观原因。例如，多层教学楼上下行通道少，整栋教学楼只有一个楼梯；楼梯宽度不足，或楼梯护栏的高度不够，或护栏年久失修、容易断裂；楼梯照明设备出现故障，没有及时修复，也未配备紧急照明设备等。当疏散通道或楼梯的照明不良以及路面不平、易滑、堵塞或有台阶、斜坡等时，会降低人群行进的速度，也会增加人群摔倒的概率，从而引发踩踏。

3. 幼儿安全教育不足

缺乏对幼儿开展安全教育是诱发踩踏事故的重要因素。安全教育的不足不仅会使幼儿无所顾虑地在人群集中时做出危险行为，也会使幼儿在踩踏发生后惊慌、绝望、不知所措，从而使踩踏事故更为严重。通常，幼儿在集体通行中的不当行为主要有以下几类。

（1）在拥挤的人群中逆行。

（2）在行进中弯腰系鞋带、捡东西。

（3）在通行中搞恶作剧（如故意堵住通道、故意大喊“地震了”等），引起人群恐慌，导致其他幼儿因急于离开而相互拥挤。

（4）通行速度过快（如幼儿急于回教室而使通行速度快于整体速度，导致推挤）。

（5）在集体通行中不慎摔倒。

（6）教学楼突然停电，幼儿因恐慌、害怕而急于离开，导致拥挤。

由此可见，校园踩踏事故的发生尽管有客观因素，也有主观人为因素，但是客观因素背后反映出的仍旧是“人”的问题。

（三）幼儿踩踏的应急处理

面对踩踏事故的混乱场面，保育人员和幼儿应保持良好的心理素质，因为保持冷静并采取正确的应对措施是顺利逃生的重要因素。在身处人群或行进的队伍时，如发现身边出现过度拥挤或有人跌倒的情况，保育人员可参考以下措施进行应急处理。

1. 发出警报

首先，应尽量保持镇静，立即停止脚步并站稳，然后向后面的队伍大声、重复地呼喊“前面拥挤！”或“停下！后退！”，提醒现场保育人员立即启动防踩踏应急预案。

2. 大声呼喊

听到警报信号后，现场的保育人员应一起朝后面的队伍大声、重复呼喊“前面拥挤！”或“停下！后退！”，以提醒后面的人群停止前进。

3. 阻挡队伍

（1）位于人群中间的保育人员应尽量让身体保持在固定位置上，站稳后伸开双手阻挡后面被挤倒或行进中的幼儿。

（2）同时提醒身边的幼儿也伸出双手，向后面示意停止前进。

（3）如果有幼儿摔倒，应及时提醒幼儿双手抱头，双腿弯曲，做好保护姿势，避免严重受伤。

（4）位于人群或队伍外围的保育人员，应及时阻止后面的队伍继续前进。

4. 紧急疏散

位于人群外围的保育人员应快速组织幼儿有序撤离危险区坡，将其疏散到附近的安全位置，并及时清点人数，安抚幼儿情绪。

5. 医疗救护

负责医疗救护的成员应尽快确认师生的受伤情况，并上报机构负责人。如果有人受伤，应将伤员转移到安全位置，同时对伤员采取紧急救助措施。如果有必要，应立即拨打“120”急救电话。

6. 通知家长

到达安全场所后，各班保育人员应根据统一的工作安排，及时联系相关幼儿家长，必要时应要求家长将幼儿接回。如果有幼儿受伤，应单独联系幼儿家长。

7. 事后沟通与追踪

警方或医疗救护人员赶到托育机构后，应配合警察和医生进行现场处理。应尽快恢复日常工作，与幼儿和家长保持后续沟通，并对其进行心理疏导。

8. 信息上报与公开

及时将事件详细信息上报相关机构或对外公开（如有必要）。

9. 记录归档

详细记录事件过程，并及时进行反思。

（四）幼儿踩踏的自救

教会幼儿在踩踏事故中如何进行自救、互救的知识与技能可以有效提高其应对事故的信心和能力，从而减少伤亡数量。

情境一：如果在拥挤的地方不小心摔倒且未能及时爬起，幼儿该如何保护自己呢？

（1）首先要迅速观察身体附近是否有墙根或其他支撑物可以倚靠；如果找不到或来不及，则应立即将身体蜷缩成球状，护好胸、腹部。

（2）将双手十指相扣，置于颈后，保护头部和颈部。

（3）双膝尽量前屈，护住胸腔和腹腔的重要脏器。

（4）侧躺在地，不要仰卧或俯卧。

情境二：如果发现自己身边的人或前面的人摔倒了，那么幼儿该怎么办呢？

（1）要大声呼喊“停下！后退！”，告知后面的人不要向前靠近。其他幼儿听到后，应协同一起呼喊，以确保音量足够大。

（2）一定要尽量先站稳，身体不要倾斜，以免失去重心。

（3）应尽快抓住身边坚固可靠的东西，及时停下来，不要靠近摔倒的人。

情境三：如果幼儿是在人群的外围，该怎么办呢？

（1）在听到“停下”“后退”口令后，应该及时停止往前移动，并向周围安全地带撤离。

（2）同时听从老师的统一指挥，到达安全地带后不乱跑。

（五）幼儿踩踏的防护措施

虽然安全事故的发生具有一定的偶然性，但这些看似偶发的事故中往往存在着必然的因素。保教工作者不能因为托育机构踩踏事故发生较少而麻痹大意、心存侥幸，而应该时刻铭记“安全第一”，在日常工作中确保预防措施落实到位。为预防踩踏事故的发生，托育机构可以从创设环境、安全教育、安全管理、制定应急预案等多个方面采取相应的防范措施。

1. 创设安全的园所环境

安全的园所环境可以有效减少踩踏事故的发生。

首先，托育机构的园舍应严格执行《托儿所、托育机构建筑设计规范（2019 年版）》的相关规定，保证教学楼的楼梯、通道、照明、活动室等环境、设备符合相关安全标准和要求。例如，根据《托儿所、托育机构建筑设计规范（2019 年版）》的要求，托育机构楼梯除设成人扶手外，应在梯段两侧设幼儿扶手，其高度宜为 0.60m；供幼儿使用的楼梯踏步高度宜为 0.13m，宽度宜为 0.26m；幼儿使用的楼梯不应采用扇形、螺旋形踏步；楼梯踏步面应采用防滑材料，踏步踢面不应漏空，踏步面应做明显警示标识；疏散走道的墙面距地面 2m 以下不应设有壁柱、管道、消火栓箱、灭火器、广告牌等突出物。

其次，对于正在使用的园舍，托育机构也应组织专人进行安全排查，对于不符合要求的，应当及时整改。例如，对于已经损坏的楼梯扶手，要及时加固；对于已经损坏的楼梯间照明设施，要及时修复或更换，以免影响幼儿安全出行。在突然停电的情况下，托育机构应当立即启用应急照明设备，以保证楼道、楼梯的照明条件。此外，禁止在楼道和楼梯间堆积杂物，确保楼道、楼梯通畅。

最后，保育人员还可以在楼梯、走廊、通道等有踩踏事故危险的场所贴上幼儿易懂的安全标志，通过环境创设来引导幼儿注意安全。

2. 开展防踩踏安全教育

提高师幼的安全素养是预防踩踏事故的重要措施。托育机构应从安全意识、安全知识和安全技能三个方面来提高师幼对踩踏事故的警惕性和应对能力。

针对幼儿的安全教育，保育人员可以通过讲故事、游戏体验等途径让幼儿了解发生踩踏事故的主要原因、严重后果和防范措施，以帮助幼儿树立预防意识。同时，保育人员还应教育幼儿上下楼梯要靠右慢行，不拥挤，不打闹，不搞恶作剧；行走期间不突然弯腰拾物或者系鞋带，不快跑乱窜，养成良好的集体通行习惯等。此外，保育人员还应当向幼儿传授疏散、避险自救的基本技能。例如，当遭遇拥挤人流时，一定不要采用体位前倾或者低重心的姿势行走，即使鞋子被踩掉、鞋带松散，也不要弯腰提鞋或系鞋带等。

保育人员也应接受必要的防踩踏安全教育，以具备踩踏事故的预防和紧急应对能力。例如，当幼儿集体在楼梯、楼道通行时，保育人员应主动在楼道、楼梯或者出入口等重要位置负责疏导通行、维持秩序；上下楼梯时，保育人员应做到一前一后带队，并经常提醒幼儿慢走、不要拥挤；如果幼儿做出打闹、推人等危险行为时，保育人员应及时制止，并进行教育；如果发生队伍拥挤或踩踏等危险情况，保育人员应有序地将幼儿疏散到安全地带，并进行现场救助等。

3. 加强园所日常安全管理

科学合理的管理可以有效避免踩踏事故的发生，托育机构应在教室安排、活动策划与组织等方面考虑到踩踏事故的预防。例如，托育机构在安排教室时，应该严格控制每个楼层的班级数量。每层楼如果没有 2 个楼梯的话，一般每层不宜超过 4 个班级。同时，还要尽可能将班额大、月龄小的幼儿安排在底楼或较低楼层，以减轻楼梯、通道的通行压力。此外，在幼儿集体通行高峰期，应适当错开幼儿的通行时间，实行分班级逐次下楼。幼儿集合时，不能仅要求快，还要给幼儿的通行留出足够的时间，防止因通行速度过快而发生意外。

4. 制定并落实踩踏应急预案

托育机构应根据教育部发布的《中小学幼儿园应急疏散演练指南》和园所实际情况，制定完善、细致的踩踏事故应急预案。应急预案要明确保育人员的职责分工，责任落实到个人，同时，预案还要有针对性和可操作性，并在实践中不断完善。预案制定后，托育机构应当定期组织师生进行踩踏事故紧急应对演习，让幼儿直接在演练活动中感受危险、感受紧张，提高其危机感，从而切实提升师生应对踩踏事故的能力。

三、火灾的预防与应急处理

（一）火灾的含义

国家标准《消防词汇 第 1 部分：通用术语》（GB/T 5907.1—2014）中将火和火灾定

义为：火是以释放热量并伴有烟或火焰或两者兼有为特征的燃烧现象；而火灾则是指在时间或空间上失去控制的燃烧。也就是说，凡是失去控制并造成了人身和（或）财产损害的燃烧现象，均可称为火灾。在各种突发事件中，火灾是威胁托育机构人员和财产安全的主要灾害之一。

（二）火灾的原因

托育机构火灾事故时有发生，严重威胁着师生的生命安全和财产安全。回顾这些案例，火灾的发生主要有以下几个原因。

1. 教职员工消防安全意识薄弱

托育机构火灾事故的发生与保育人员消防安全意识薄弱是密切相关的，缺少基本的消防安全意识就容易忽略身边潜在的危险，不能及时发现并上报火灾隐患，也容易出现违规使用电器、超负荷用电、忘关电器等可能导致火灾的行为。此外，安全意识的缺失会导致教职员工对消防安全教育缺少足够的重视，日常消防演练和安全教育也容易流于形式。

2. 室内易燃物多

托育机构的室内装饰一般会大量使用纸、木头、布料、塑料等可燃、易燃材料，且每个班级室内都有较多的橱柜、桌椅、床铺、玩具、书籍、电器等设施设备，一旦遇到着火源极易引起火灾。

3. 日常消防管理缺失

缺少日常消防管理制度或制度落实不到位是导致托育机构出现火灾事故的重要原因。例如：每天晨检时安全检查不严格，幼儿携带了易燃物或危险品入园；电器设备、电线、消防设施等年久失修、失效，未被发现并及时更新；没有开展定期消防安全排查工作；教职员工缺少消防培训，缺少火灾预防和应对的知识与技能；等等。

4. 消防部门监管不足

托育机构所在地的消防监管部门的有效监督是确保托育机构消防安全工作实施的外部力量。如果监管不力，则容易让托育机构管理人员忽视消防安全工作，并出现消防安全隐患。例如，在未通过消防验收的情况下仍然开展教学工作、招收过多的孩子、在三楼以上安排幼儿活动室、安全疏散出口被堵塞等，这些违规做法可能增加火灾发生的概率。

为有效应对突发火灾事故，托育机构需要事先制定好详细的火灾事故应急预案，并定期组织师生开展灭火和火灾疏散演练，以确保保育人员熟悉应急预案的程序，明确各自工作职责。这样才能在火灾发生后提高火灾险情的应对效率，避免人员伤亡。

（三）火灾的应急处理

托育机构火灾事故的应急处理原则可概括为：以人员救助为先，以灾情控制为次，以财产设备保全为后，尽可能用最短的时间处置最急迫的灾情，确保师生安全。当保育人员发现火灾信号后，具体可参考以下应急处理措施。

1. 触发警报

发现火情后，保育人员应保持镇静，尽快找到并触发附近的消防报警装置，以提醒所有教职员工启动火灾应急预案。

2. 初期灭火

如果火势较小，负责灭火的成员（主要是第一目击者和灭火小组成员）应立即拿起附近的消防灭火设备赶赴着火点，进行初期灭火。如果火势较大或无法准确判断，应立即拨打“119”消防报警电话，在确保自身安全的同时，等待专业消防人员处理。

3. 紧急疏散

（1）听到消防报警后，负责引导的保育人员迅速到达各自岗位，协助其他师生撤离。

（2）各班保育人员立即指导幼儿用湿毛巾捂住口鼻，再引导幼儿按照既定疏散线路有序疏散到指定的安全场所。通过烟雾区时应提醒幼儿弯腰前行。月龄较小的孩子，需保育人员带离。

（3）最后离开教室的保育人员应在撤离前迅速检查卧室、盥洗室等场所有无幼儿。

（4）在紧急疏散过程中，保育人员要前后呼应，做好幼儿的情绪安抚工作。

（5）到达安全场所后，立即组织幼儿休息，并向救护组报告有无受伤人员，再按当天出勤名单清点人数，确保没有幼儿停留在危险区域。

4. 医疗救护

负责医疗救护的成员应尽快确认师生的受伤情况，并上报托育机构负责人。如果有人受伤，应将伤员转移到安全位置，同时对伤员采取紧急救助措施。如果有必要，应立即拨打“120”急救电话。

5. 通知家长

消防警报解除后，各班保育人员应根据工作安排，及时联系幼儿家长，要求家长尽快将孩子接回，并认真做好交接工作。如果有幼儿受伤，应单独联系孩子家长；如果有幼儿失踪，应由园所负责人与家长沟通。如果暂时联系不上家长，应由各班保育人员做好看护工作。

6. 事后沟通与疏导

将受损的设备、建筑进行隔离与维修，并尽快恢复日常工作，重点关注在火灾中受伤的幼儿，以及在火灾后有身心异常反应的幼儿，做好心理疏导与后续追踪工作，必要时可寻求专业心理辅导机构的帮助。

7. 信息上报与公开

将火灾引发的受损情况和人员受伤信息上报相关机构或对外公开（如有必要）。

8. 记录归档

将火灾发生情况和处理流程记录归档，以便之后查阅。

本章小结

本章主要介绍了窒息、跌倒伤、烧烫伤、溺水、中毒、异物伤害、道路交通伤害等婴幼儿常见的伤害类型和婴幼儿走失、火灾、踩踏等突发事故的预防与应急处理，为托育机构管理者和保育人员在安全管理、改善环境、加强照护等方面开展伤害预防提供技术指导和参考。需要强调的是，保证幼儿安全是托育机构一切工作的前提。婴幼儿伤害的发生与其自身生理和行为特点、被照护情况、环境等诸多因素有关。婴幼儿自我保护意识和安全防范能力低，做好婴幼儿安全防护离不开托育机构每一位教职员工的努力。作为托育服务领域的未来从业者，我们需要熟练掌握常见伤害急救技能和突发事故应急处理方法，学习时建议同学们注意加强模拟练习，真正做到学以致用。

同步练习

一、选择题

1. 聪聪被发热的汽车尾气排气管烫伤了，他的一根手指立即出现了发红、肿胀的情况，而且还出现了一个水泡。聪聪的烫伤程度属于（　　）。

A. Ⅰ度烫伤　　B. Ⅱ度烫伤　　C. Ⅲ度烫伤　　D. Ⅳ度烫伤

2. 毛毛不小心将食品干燥剂撒入了左眼，这时，根据化学烧（烫）伤的应急处理措施，应（　　）。

A. 立即打一盆清水，让毛毛将双眼浸泡在水中 5 分钟以上

B. 立即用嘴向毛毛眼睛里吹气

C. 立即告诉毛毛用水拍打眼睛，并用毛巾揉搓

D. 立即带毛毛到水龙头处，让毛毛左眼位于下方，用流动的自来水冲洗左眼 5 分钟以上

3. 下列做法中存在较大火灾隐患的是（　　）。

A. 刘老师常用电饭煲在教室煮营养羹

B. 张老师每天下班时，先关闭电脑电源，再将插座拔下后才离开办公室

C. 杨老师每天都会严格检查孩子的书包内有无打火机或火柴等危险物

D. 李园长定期请安全人员来园检修园内的电器、电线等设备

4. 幼儿走失可能是因为幼儿特别（　　）或注意力不集中，不知不觉离开集体，去关注其他有趣的事情。

A. 听话　　B. 乖巧　　C. 孝顺　　D. 好奇

5. 明明的固定接送人是奶奶，但今天奶奶生病了不能按时来接。下列情况中，张老师可以同意的是（　　）。

A. 明明奶奶委托同小区毛毛的奶奶一同接回，但没有委托说明

B. 明明的家长打电话说由明明的爷爷来接他

C. 明明奶奶要求张老师顺路将孩子带回小区

D. 明明姑姑正好过来顺路接明明

二、判断题

1. 位于人群外围的保育人员应快速组织幼儿有序撤离危险区坡，将其疏散到附近的安全位置，并及时清点人数，安抚幼儿情绪。（　　）

2. 异物入眼后，应立即用手轻轻将异物揉出。（　　）

3. 婴幼儿误服腐蚀性很强的药物后，应立即让其喝生蛋清、牛奶、稠米汤或豆浆之类的东西。（　　）

4. 如果有幼儿摔倒，应及时提醒幼儿双手抱头，双腿弯曲，做好保护姿势，避免严重受伤。（　　）

5. 教室是不容易发生踩踏事故的场所。（　　）

三、简答题

1. 简述婴幼儿异物入体的处理方法。

2. 简述婴幼儿烫伤后应如何处理。

3. 简述防止幼儿走失可以采取哪些措施。

四、思考题

请利用课余时间观赏电影《亲爱的》，然后结合本章节所学知识撰写一篇观后感。

第六章　婴幼儿活动设计

学习目标

知识目标

1. 了解婴幼儿活动设计的概念。
2. 熟悉各月龄阶段婴幼儿活动设计的特点。

能力目标

1. 掌握婴幼儿玩具选择方法。
2. 能根据婴幼儿月龄特点设计活动。

素养目标

1. 通过学习婴幼儿课程设计要点，了解婴幼儿的成长规律，树立科学养育观。
2. 通过了解学习托育机构活动设计，树立合理的活动设计理念。

案例导入

动物尾巴配配对

张老师在开展“动物尾巴配配对”活动时，将自己事先做好的教具发给幼儿，幼儿好奇地拿在手里拼拼玩玩，没有听张老师接下来说的话，张老师见状又将教具收了回去，并详细讲述了正确的动物尾巴配对，然后才把教具重新发放，并要求幼儿按她的讲述给动物配对正确的尾巴。

问题：你如何看待上述现象？张老师的活动设计存在哪些问题？

第一节　7～12月龄婴儿活动设计

一、环境规划

7～12月龄的婴儿已能稳定坐着玩耍，在地面上匍匐爬行甚至可以扶着东西移动脚步，因此可以为婴儿设置游戏区，方便婴儿有足够的爬行及学步练习空间；也可设有睡眠区域，帮助婴儿获得良好的睡眠质量。此外还可提供多样教具、玩具，多感官刺激婴儿发育，从而激发婴儿潜能、增强脑部发展。相关环境设置如图6-1～图6-4所示。

图6-1　班级教室（示例）

图6-2　水育室（示例）

图 6 - 3　沐浴台（示例）

图 6 - 4　尿布台（示例）

二、作息时间安排

由于婴儿的作息相对规律，在 7～12 月龄婴儿作息安排中（见表 6 - 1），可以让婴儿每天在一定的时间进行相似的活动，除了每日固定喝奶、换尿布和睡眠时间外，也可以融入发展课程。

身体动作：设计活动时侧重于帮助婴儿练习爬行、站立、学步等粗大动作的发展，并且借由活动或教具的操作，来增进精细动作发展和手眼协调能力。

认知探索：设计活动时侧重于让婴儿学习使用感官探索并认识周围的环境，进而发展解决问题的能力。

语言沟通：设计活动时侧重于引导婴儿模仿成人的简单话语、学习理解简单语汇意思。

社会情绪：设计活动时侧重于帮助婴儿与他人的互动回应。

生活自理：设计活动时侧重于让婴儿学习拿奶瓶喝奶、能吞咽糊状食物。

表 6-1　7～12 月龄婴儿一日生活作息安排表

时间	例行作息	保育与教育活动领域
8:30	• 迎接婴儿与家长，检查身体，测量体温 • 喝奶 • 师幼互动 • 游戏活动	语言沟通 生活自理 社会情绪 身体动作
10:00	• 盥洗，辅食喂养 • 音乐欣赏 • 户外活动	生活自理 社会情绪 认知探索
11:30	• 餐前准备，辅食喂养 • 餐后清理，换尿布，口腔清洁 • 互动	生活自理 认知探索
12:30	• 准备休息，听音乐，安抚 • 睡眠	语言沟通 社会情绪
15:00	• 起床 • 盥洗 • 喝奶（副食品）	生活自理 身体动作
16:00	• 音乐律动 • 户外活动	语言沟通 认知探索
17:30	• 收拾用具，准备回家 • 身心评估与记录 • 离园	语言沟通 社会情绪

三、7～12 月龄婴儿课程设计

（一）身体动作

1. 7～12 月龄婴儿身体动作的发展特点

粗大动作发展方面：婴儿从 7 个月开始，平衡能力增强，在坐姿中可以移开双手开展其他的活动，例如伸手向前取物，但是如果重心一下子移动太多仍会倒下，此时也发展出向前伸手的保护性反应，即在快跌倒前，向前伸手支撑着身体使自己不倒下；在卧姿时可以用手掌支撑上半身，将重心移向左边或右边，然后伸出一只手向前玩耍。当婴儿感到愉快时，更会不停地踢动双脚，并摇晃着自己的身体，表现出很开心的样子。

8 个月大的婴儿已不需用手支撑也能坐得很稳了，且开始发展向两侧伸手的保护性反应，即当身体向侧面倾斜以致失去平衡时，婴儿的手便会向两旁伸出以保护自己不倒下。

独立坐稳是婴儿重要的发展里程碑之一，因为会坐以后，婴儿的视野变得更辽阔了。此月龄的婴儿翻身技能已经很纯熟了，而且背肌已发展成熟，婴儿能以手掌和脚掌将整个身体撑起来，如一座拱桥般，同时也能协调四肢的动作，以左手右脚或右手左脚交叉向前的方式，在地面上匍匐爬行。

9个月大的婴儿已能很顺利地从仰卧或俯卧的姿势改变成坐的姿势，并且自从可以稳定地独坐之后便开始喜欢坐着玩耍；随着骨盆稳定性的增强，婴儿能从坐姿转向四点跪的姿势，并且喜欢在此姿势中前后摇晃自己的身体。有些这个月龄的婴儿还可以从跪着玩玩具到扶着家具站起来，但尚无法弯曲双脚而坐下。

婴儿10个月大时，成人将婴儿放在有靠背及高度可以让脚够到地面的小椅子上时，婴儿可以在此位置中保持平衡。此月龄的婴儿已能熟练地协调四肢的动作，在地面上顺利地爬行，但并非所有的婴儿都喜欢爬行，有些婴儿出现其他的动作模式，例如坐着向前或向后移动自己的身体，这也属于正常的发展过程。有些这个月龄的婴儿还可以扶着家具站立几分钟或是慢慢地移动自己的身体横行。到了接近周岁时，有些发展较好的婴儿已可以在成人或支撑物的协助下，一步一步地向前走。

精细动作方面：此阶段的婴儿开始发展手指活动的技能，能打开拇指，“握”和“放”的动作也较协调。例如在握小物品时，会使用手指，以靠近拇指位置的前三指部位去抓握玩具，而不再用整个手掌抓握，并且会用手指去按压玩具。① 此阶段的婴儿也会将玩具从一只手放到另一只手中，并且会在双手都握有物品时，以互敲的方式让它发出声音。

2. 7～12月龄婴儿身体动作的具体活动设计

根据婴儿动作发展的特点，可设计如下活动：

来拿玩具

★发展领域：身体动作。

★适用年龄：7～12个月。

★材料准备：软垫、毛巾一条、婴儿可抓握的玩具。

★目的：

1. 能试图伸手拿眼前物品。

2. 能够手眼协调。

① 张乃艳．适时把握4～12个月宝宝手部动作发展的敏感期［J］．东方宝宝：保育与教育，2010（10）.

★引导过程：

1. 成人可让婴儿躺在铺有毛巾的软垫上或小床中（夏天可在干净的木质地板上），或者让婴儿靠在婴儿安全座椅中（记得绑好安全带）。

2. 成人拿一个玩具（最好是大点且有声音效果的玩具），放到婴儿眼前约 30cm 处，引导婴儿发现该玩具，此时成人可发出声音呼唤婴儿并用动作吸引婴儿。

3. 本活动的观察重点：观察婴儿是否有注意到玩具，或尝试做出伸手取物的动作。

★变化延伸：成人可进一步引导婴儿探索及把玩玩具。

★注意事项：无法达到这个活动目标的婴儿，成人可用手让玩具发出声音，或呼唤婴儿名字以吸引其注意，并协助婴儿在一天当中多练习几次。

站起来喽

★发展领域：身体动作。

★适用年龄：7～12 个月。

★材料准备：

1. 事先预备一个温馨并利于爬行、学习走路的安全环境。

2. 色彩鲜艳、软材质且无毒，并可供婴儿按压、操作和把玩的玩具。

★目的：

1. 学会站立及开始学习走路。

2. 全身运动。

3. 发展全身的感觉统合。

★引导过程：

1. 成人抱住婴儿腋下，将婴儿抱起成直立站姿。成人可让婴儿双脚碰地站立，但仍须抱持住婴儿，以防其不慎跌倒，在过程中成人应观察婴儿腿部的支撑力。

2. 如果婴儿可以站稳，成人可尝试放开双手，让婴儿自己独自站立几秒，但成人应在旁边随时扶住婴儿，预防婴儿跌倒。如果婴儿腿部足够有力的话，也可以扶着婴儿练习走几步。

3. 本活动的观察重点：观察婴儿是否能在协助下行走一两步，能否独自站立数秒。

★变化延伸：成人可进一步鼓励婴儿站着拿取玩具。对于可以在站立时保持良好平衡感的婴儿，成人可鼓励其迈开人生中的第一步，开始慢慢学习走路。

★注意事项：对于无法达到这个活动目标的婴儿，成人可在每次抱婴儿的时候，以手掌轻压婴儿的脚底板，增加婴儿脚底的力量。

换一只手

★发展领域：身体动作。

★适用年龄：7～12 个月。

★材料准备：软垫、婴儿可单手抓握的玩具。

★目的：

1. 帮助婴儿将物品由一只手换到另一只手。

2. 能用拇指配合其他手指钳握物品。

3. 让婴儿手指的运用更灵敏。

★引导过程：

1. 在婴儿面前放置一个小的手摇铃，成人先轻轻摇铃并鼓励婴儿拿取，观察婴儿是否能用拇指配合其他手指钳握摇铃。

2. 婴儿拿起摇铃后，鼓励婴儿将摇铃从一只手换到另一只手。成人可指着另一只空着的手对婴儿说："换这只手摇一摇。"

3. 若婴儿仍不理解成人的意思，则可轻轻握住婴儿拿玩具的手，引导其将玩具放到另一只手中。当婴儿可独立完成换手动作，成人要立即给予鼓励。

4. 本活动的观察重点：观察婴儿是否能将物品由一手换到另一手，是否能用拇指配合其他手指钳握物品。

★变化延伸：成人可进一步提供更多样的玩具，除让婴儿自由探索之外，也可以进一步让婴儿练习手指的精细动作。

★注意事项：对于无法达到这个活动目标的婴儿，成人可以帮助婴儿多练习抓握物品的能力。

（二）认知探索

1. 7～12 月龄婴儿认知探索的特点

婴儿处于感觉运动阶段，通过感官探索方式认识世界：在视觉方面，由于此阶段的婴儿已可以坐起来，因此视野扩展到其身体的两旁及上下方，且因视觉发展的成熟，婴儿可捕捉到移动较快的物体或动作，并且有视觉记忆的表现，认得熟悉的人或是常玩的玩具，同时对色彩感兴趣而开始喜欢看图画书。在听觉方面，此阶段的婴儿能分辨出自己的名字、模仿两个相同的音（即叠字，例如爸爸、妈妈）、能辨别成人简单的语气（例如赞赏或责骂），且行为会随着成人语气的变化而改变，此时可学习一些简单的常规

（例如可碰与不可碰的物品）。在触觉方面，比较喜欢较柔软的物品，如布娃娃或柔软的毛巾被，但要特别注意保持这些物品的清洁。此月龄的婴儿仍处于不管拿到什么东西就往嘴里送的时期，因此对于拿到手的任何物品都会放到口中来探索。照顾这个阶段的婴儿需要特别注意所提供的玩具的大小，玩具千万不可小到婴儿可轻易吞下而引起窒息。在这个领域的学习活动，成人仍需提供更多样的素材及对象，让婴儿有更多的学习机会及体验各种不同的经验，例如有各种触感及可以发出各种声音的玩具等。在认知方面，此月龄的婴儿开始发展“客体永久性”这个概念，因此当物品在其面前消失时，婴儿会想把它寻找出来。

2. 7～12 月龄婴儿认知探索的具体活动设计

根据婴儿认知发展的特点，可设计如下活动：

敲敲打打

★发展领域：认知探索。

★适用年龄：7～12 个月。

★材料准备：2 支小棒、1 面小鼓、节奏鲜明的音乐、1 张地垫。

★目的：

1. 能够握住敲鼓的小棒。

2. 培养节奏感。

★引导过程：

1. 将 2 支小棒和 1 面小鼓放在婴儿的面前。

2. 播放节奏鲜明的音乐，让婴儿用小棒跟随音乐敲小鼓。

3. 如果婴儿直接用手敲小鼓，成人可将棒子拿起来敲给婴儿看，然后教婴儿学会用小棒敲小鼓。熟练后，可让婴儿用两支小棒来敲小鼓。

★变化延伸：可以把小鼓更换为小木琴，让婴儿用同样的方法演奏。

★注意事项：注意鼓棒的使用，避免敲击到旁边的人或自己。

香蕉真好吃

★发展领域：认知探索。

★适用年龄：7～12 个月。

★材料准备：勺、香蕉。

★目的：

1. 学用小勺吃食物。

2. 感知香蕉的美味。

★引导过程：

1. 将婴儿抱坐在餐椅上，给婴儿看看小勺，告诉婴儿："这是小勺，可以用小勺舀好吃的东西。"

2. 给婴儿看看香蕉，告诉婴儿："这是香蕉，香蕉甜甜的很好吃。"并做出好吃的动作。

3. 用小勺刮出香蕉泥，放在婴儿的口唇中。开始婴儿会用吮吸的方式，有时会用舌头把食物舔吐出来，但慢慢地会接纳小勺，看到小勺会张口。学会用舌头舔食后，食物就会顺利咽下去。

4. 让婴儿舔食香蕉时，成人可以做出闻的动作，让婴儿学着闻闻香蕉的味道。婴儿吃进去的时候，成人可以跟婴儿说："香蕉的味道甜甜的、香香的。"这样可以促进婴儿感知觉的发展。

★变化延伸：成人可进一步提供多次让婴儿用汤匙喂食自己的机会，以进一步练习吞咽的能力。

★注意事项：对于无法达到这个目标的婴儿，成人可多试几次，让婴儿有更多使用汤匙的机会。

（三）语言沟通

1. 7～12 月龄婴儿语言沟通的特点

人与人之间的沟通是双向的，包括发出和接收两个过程，因此语言表达能力包括表达能力和理解能力。此阶段的婴儿在情境提示下（例如成人的手势、声音、熟悉的环境等），开始明白成人说话所代表的意思。在整个语言发展的过程中，婴儿都需要有一个丰富的语言环境，因此不论在任何阶段，成人所使用的语言一定要配合当时的情境和婴儿那个阶段的理解能力，同时要在婴儿注意力集中时，配合以适当的语调、手势和表情说出来，如此一来可以增强婴儿的理解力和学习说话的能力。

2. 7～12 月龄婴儿语言沟通的具体活动设计

根据婴儿语言发展的特点，可设计如下活动：

跟我一起说

★发展领域：语言沟通。

★适用年龄：7～9 个月。

★材料准备：温馨的托育环境及关爱婴儿的主要照顾者。

★目的：

1. 能模仿成人的简单话语。

2. 引导婴儿慢慢学会说出具有正确意义的话。

★引导过程：

1. 这个活动可以在日常活动中进行。在婴儿开始牙牙学语时，成人注意婴儿发出的声音，提供类似的字词供其模仿，如“妈妈、爸爸”等。

2. 可以让婴儿近距离观察成人说出简单话语的嘴型，以这个方式鼓励婴儿模仿成人说出的话语，当婴儿模仿出类似话语时，成人应立即给予鼓励。

3. 本活动的观察重点：观察婴儿是否会尝试模仿成人发出类似的声音。

★变化延伸：可进一步使用更多的字词来和婴儿互动，就像是在和婴儿“聊天”一样。

★注意事项：对于无法达到这个活动目标的婴儿，成人需要多和婴儿面对面说话，并放慢说话的速度。

动物大集合

★发展领域：语言沟通。

★适用年龄：7～12 个月。

★材料准备：温馨的托育环境及关爱婴儿的主要照顾者。

★目的：

1. 了解“说话”还具有声音高低及节奏变化等技巧。

2. 为将来学习语言奠定基础。

★引导过程：

1. 此活动可于日常活动中进行。

2. 在婴儿开始牙牙学语时，成人注意婴儿发出的声音，是否出现声音高低和节奏的变化。

3. 如果变化不明显，成人可在与婴儿对话时，略微加强音调及节奏上的变化，鼓励婴儿模仿。例如拿出一些动物的图片，一一向婴儿介绍图片上的动物名称，也可以模仿动物的声音增加趣味性。

4. 本活动的观察重点：观察婴儿是否会模仿成人发出的具有高低及节奏变化的声音。

★变化延伸：同婴儿互动的时间可以更久点，为婴儿提供大量学习说话的技能。

★注意事项：对于无法达到这个活动目标的婴儿，成人需要多和婴儿面对面说话，放慢说话的速度以及变化各种音调节奏。

（四）社会情绪

1. 7～12 月龄婴儿社会情绪的特点

此阶段的婴儿开始对主要照顾者建立了情感上的依附关系，会主动伸出手要熟悉的成人抱；会对成人友善或不友善的语气做出不同的反应，例如当感受到大人口气中的责备意味时，婴儿会露出要哭的表情；会伸手去触摸成人的脸，也会重复一些逗人大笑的动作；会用简单的声音或动作去表示自己的需要，或向其他婴儿表示想要互动的意愿，例如看到其他的婴儿时，会走近他们或伸出手来以表示好感；这个阶段的婴儿也可以和成人玩一些简单的游戏，并且可以模仿成人简单的动作（如挥手或拍手等）。①

2. 7～12 月龄婴儿社会情绪的具体活动设计

根据婴儿社会情绪的特点，可设计如下课程：

滚皮球

★发展领域：社会情绪。

★适用年龄：7～12 个月。

★材料准备：1 个皮球、1 个软垫。

★目的：

1. 能表现愉悦的情绪。

2. 对与人互动表现出正向反应。

3. 能同成人玩简单重复游戏。

★引导过程：

1. 先让婴儿坐下，成人介绍球的名称，让 2～6m 距离外的婴儿视线追随：“宝宝看，我这里有一个圆圆的皮球，圆圆的皮球还会滚呢！今天皮球要和大家一起玩一个滚球的游戏。”

2. 成人将皮球滚给一个婴儿说：“滚滚滚，我的皮球滚过来了。”引导婴儿把皮球滚给成人。

3. 成人坐在婴儿的后面，把球推给 7～8m 距离外的婴儿。

① 杨丽珠，董光恒．依恋对婴幼儿情绪调节能力发展的影响及其教育启示［J］．学前教育研究，2006（4）.

4. 成人再将皮球推给另一个婴儿：“滚滚滚，我的皮球滚过来了。”成人跟婴儿一起游戏，体验滚球的乐趣，增进婴儿和成人间的感情。

5. 当婴儿玩得差不多时或不想再玩了，请婴儿把球送回到球筐里。

★注意事项：

1. 婴儿会好奇追逐球，但是肢体协调性尚无法自主，需要先让婴儿坐下。

2. 游戏时注意安全。

有陌生人

★发展领域：社会情绪。

★适用年龄：7～12 个月。

★材料准备：温馨的托育环境及关爱婴儿的主要照顾者。

★目的：

1. 练习处理陌生人焦虑。

2. 建立信任及安全感。

★引导过程：

1. 当陌生人出现在婴儿面前时，成人可对婴儿介绍：“（宝宝），这是王阿姨，她来看我们哦!”并观察婴儿的情绪反应。

2. 若婴儿有不安的情绪，成人可适时回应：“你怕怕哦？没关系，我抱抱!”“不认识阿姨哦！我们去找小熊玩。”留意婴儿的情绪是否能稳定下来。

3. 本活动的观察重点：观察婴儿在进行这个活动后再面对陌生人时，其情绪是否能较为平静。

★变换延伸：成人可以慢慢让婴儿和自己保持一段距离，让其练习自我安抚，但需注意婴儿一定要在成人的视线范围之内。

★注意事项：对于无法达到这个活动目标的婴儿，如果对陌生人反应很强烈，情绪无法平复，那么成人不能太强硬，要多抱抱安抚婴儿。

（五）生活自理

1. 7～12 月龄婴儿生活自理的特点

7～12 个月的婴儿开始具备用杯子喝水的能力，因此这个阶段的婴儿可以开始练习用杯子喝水。此阶段的婴儿也因咀嚼能力的发展和吞咽能力的成熟，是喂食辅食的良好时机，但注意要以汤匙喂食，才可以让婴儿练习咀嚼技巧并具备更熟练的吞咽能力。此阶段的婴儿也能用手指把食物放进口中，已长牙的婴儿还可以试着咬一些适合的固体食物（例如小饼干）。因此在这个领域的学习活动，成人可将重点放在给此阶段的婴儿提供一些副食品或小点心，以帮助婴儿练习咬合和咀嚼，因为咀嚼能力也是未来语言发展的重要基础之一。

2. 7～12 月龄婴儿生活自理的具体活动设计

根据婴儿生活自理能力发展特点，可设计如下课程：

我会自己拿

★发展领域：生活自理。

★适用年龄：7～12 个月。

★材料准备：

1. 消毒过的婴儿专用餐具、固状辅食。

2. 事先预备一个温馨的托育环境，播放一首轻柔的音乐，然后和婴儿进行这个活动。

3. 托盘、米饼、罐子、小汤匙、小容器。

★目的：

1. 能自己拿食物吃。

2. 增进手眼协调的能力。

★引导过程：

1. 这个活动可在每日辅食时间进行。

2. 将辅食（如米饼）放在碗中，让婴儿坐着（不限地点），请婴儿自己把食物从碗中拿出来放到嘴里去吃。

3. 本活动的观察重点：观察婴儿是否能自己拿食物吃。

★变化延伸：可进一步提供多次婴儿用汤匙喂食自己的机会，以练习婴儿吞咽的能力。

★注意事项：对于无法达到这个活动目标的婴儿，成人可多给予练习的机会。

脱帽子

★发展领域：生活自理。

★适用年龄：7～12 个月。

★材料准备：婴儿专用帽子一顶。

★目的：

1. 能拉下头上的帽子。

2. 增进自我服务的能力。

★引导过程：

1. 将一顶婴儿帽子戴在婴儿头上，将婴儿抱到镜子前，指着婴儿头上的帽子对其说：“这是帽子，宝宝戴帽子。”然后成人将帽子脱下来对婴儿说：“宝宝脱帽子。”

2. 请婴儿自己试着把帽子脱下来，可以说：“自己脱脱看。”此活动也可以在每日早上进门后进行。有戴帽子的婴儿，可以每天早上请其自行将帽子脱下来。

3. 如果婴儿有拉扯帽子的动作，就表示达到活动目标。

★变化延伸：可在每次需脱帽的场合，鼓励婴儿自己脱帽子。

★注意事项：对于无法达到这个活动目标的婴儿，成人可多示范几次。

第二节　13～24 月龄幼儿活动设计

一、环境规划

13～24 月龄幼儿刚学会直立行走，喜欢从站立的角度观察世界，喜欢自由自在到处走动及探索。因此，环境规划应根据幼儿的发展状况设置自由活动区、进食区、厕所区、睡眠区等，供幼儿在开展不同活动时使用。

二、作息时间安排

13～24 月龄幼儿每日作息（见表 6－2）已变得相对稳定，开始依循较固定的时间流程。活动领域和活动内容如下：

身体动作：设计走、跑、钻、爬等活动，增进粗大动作的发展，还可以借助教具的操作增进精细动作的发展。

认知探索：提供适合 12～24 月龄幼儿的教具，通过动手操作的方式，幼儿获得相关感官经验，培养秩序感与对自己负责任的态度，真正落实“做中学”的理念。

语言沟通：提供丰富多样的阅读经验，除了能够帮助幼儿培养良好的阅读习惯、语文能力与口语表达能力外，更能促进幼儿在情绪和社会能力上的发展。

社会情绪：包含自我概念、社会互动关系及培养正向的情绪。

生活自理：增进生活自理能力的学习，如用汤匙进食、能自己脱衣、在协助下穿衣等。学习准备食物可以发展幼儿的粗大动作和精细动作，并使其学会表达需求。

表 6－2　13～24 月龄幼儿一日生活作息安排表

时间	例行作息	保育与教育活动领域
8:30	• 入园，身心评估，测量体温 • 吃早餐，餐后清理 • 换尿布或上厕所 • 自由探索，游戏活动，亲密互动 • 收拾和洗手	语言沟通 生活自理 社会情绪 身体动作
10:00	• 营养补给，餐后清理 • 上厕所/清洁 • 团体活动，户外活动 • 收拾和洗手	身体动作 社会情绪 生活自理
11:30	• 餐前准备，吃午餐 • 餐后清理，换尿布，上厕所，刷牙漱口 • 说故事，看书	生活自理 语言沟通 认知探索
12:30	• 准备休息，听音乐，拍抚 • 午睡	语言沟通 社会情绪
14:30	• 轮流起床 • 收拾寝具 • 换尿布，上厕所 • 洗手，吃点心	生活自理 身体动作 社会情绪
15:30	• 音乐律动，说故事 • 自由探索 • 游戏活动：室内或户外	语言沟通 认知探索 身体动作
17:30	• 吃晚餐 • 收拾玩具，替换尿布，准备回家 • 身心评估与记录 • 离园	生活自理

三、13～24 月龄幼儿课程设计

（一）身体动作

1. 13～24 月龄幼儿身体动作的发展特点

粗大动作发展方面：此阶段的幼儿能从地面爬上椅子，然后转身坐下来；即使是没有靠背的椅子，幼儿也可以保持平衡，还能边坐在椅子上边弯腰向不同的方向捡物品，到了18 个月，即使是坐在双脚离地且无靠背的椅子上也可以保持平衡。13～15 个月是幼儿学习独立行走的阶段，此阶段的幼儿从摇摇晃晃走几步到能够掌握身体平衡行走。到了 15

个月左右，幼儿对转换身体姿势的技能已掌握得较稳定了，因此其能站稳然后蹲下来捡物品再站起来，且这个月龄的幼儿平衡能力更成熟，能安全地四处行走，跌倒的机会也较少了。

精细动作发展方面：13 个月以后的幼儿，手指的活动更灵活了，能伸出食指按压物品，因此可以让其玩面粉团。此外，由于幼儿握放的动作已经成熟，因此能连续将多件小玩具拿起来放进容器中。由于手眼协调的发展更成熟，此阶段的幼儿可以一手拿玩具，另一手拿物品去敲打该玩具（例如一手拿鼓，一手拿鼓槌敲打），也可以拿形状积木让其配对放进相同形状的洞口中，幼儿还可以叠高约 3 块大小一样的积木。由于手腕动作更灵活了，因此幼儿可以用整个掌心握住粗蜡笔，模仿成人或随意地在纸上涂鸦。此年龄阶段的幼儿可用手指翻开书的内页，只是仍无法一页一页地翻。

2. 12～24 月龄幼儿身体动作的活动设计

根据幼儿身体动作发展的特点，可设计如下活动：

动物怎样走路

★发展领域：身体动作。

★适用年龄：13～24 个月。

★材料准备：宽阔场地、音乐。

★目的：

1. 学习动物走路，锻炼身体协调能力。

2. 愿意参与集体游戏。

★引导过程：

1. 热身运动：成人引导幼儿身体动一动。

2. 讲述情境：小兔子、小鸭子、小乌龟去小猴子家做客。

3. 让幼儿想一想小兔子、小鸭子、小乌龟是怎么走路的。

4. 成人播放欢快的背景音乐，结合幼儿已有动作进行展示。

（1）小兔子走路（先蹲下，弯腰，两脚同时跳起，跳一步，再蹲下，再跳，一步一步地向前跳）。

（2）小鸭子走路（腰微弯，两只手弯曲放在背后，一步一步向前走）。

（3）乌龟走路（俯卧在地上，双手着地，将身体撑起来，手往前移一步，脚也向前移一步）。

5. 引导幼儿跟着做一做，幼儿自己选择想要模仿的小动物跟着音乐走一走。

6. 活动结束放松身体。

★变化延伸：询问幼儿是否知道小猴是如何走路的。

★注意事项：注意活动时幼儿的安全。

走线

★发展领域：身体动作。

★适用年龄：13～24 个月。

★材料准备：教室内贴红线、音乐《月光水岸》。

★目的：培养幼儿行走的稳定性和身体的平衡能力。

★引导过程：

1. 导入。

师："宝宝们看地上有什么？是不是有条红线？"

师："我们来和红线做个小游戏吧。听，有音乐。"

2. 成人播放音乐，先小声，逐渐大声。

师："我们随着音乐来走走，请宝宝们站起来。"

引导幼儿先跟着成人往前走，中间成人可以做些下蹲或者跳跃的动作等。

3. 在走线的过程中观察幼儿的姿势并指导，在合适的时候慢慢关小音乐。

4. 托育人员带领幼儿走线两圈，回到自己的标记上坐下即可。

★变化延伸：持物走线（水杯、托盘，小花瓶等）。

★注意事项：为避免幼儿破坏，尽量减少走线的接缝。

（二）认知探索

1. 13～24 月龄幼儿认知探索发展的特点

此阶段幼儿的视觉可以辨别简单的几何形状及自己的物品，在听觉方面则能分辨出少许不同的音乐，而且会有自己喜爱的音乐或歌曲。此阶段的幼儿也懂得常见物品的用途（例如知道杯子是用来喝水的），也会模仿成人使用家中常见物品（例如拿起电话自言自语假装讲电话），而且能辨认出熟悉的地方；13 个月的幼儿也可以试着玩一些简单的配对游戏，例如尝试将圆形、三角形等立体积木放入同样形状的洞口中，但不是一次就能成功，能力较好的幼儿可以依成人指示挑选出这些形状的积木。

2. 13～24 月龄幼儿认知探索的活动设计

根据幼儿认知探索的特点，可设计如下活动：

颜色分类

★发展领域：认知探索。

★适用年龄：13～24 个月。

★材料准备：1 个装不同颜色积木的盒子、2 个不同颜色的碗。

★目的：

1. 认识颜色。
2. 学会颜色分类。
3. 培养秩序感、专注力、动作协调和独立性。

★引导过程：

1. 成人介绍物品及颜色的名称。
2. 成人引导幼儿用 3 个手指取 1 块积木，辨别其颜色并放入该颜色的碗内。
3. 让幼儿将积木逐一取出放入。
4. 将盒子内的小积木都放入分类的碗内。
5. 继续重复练习 2～4 的步骤。

★变化延伸：改变积木的颜色、改变内容物。

★注意事项：

1. 碗的大小要适合幼儿操作。
2. 内容物的选择要适合 3 个手指刚好抓握。

（三）语言沟通

1. 13～24 月龄幼儿语言沟通的发展特点

13 个月以后的幼儿，已可以模仿新的语音，并明白声音符号所代表的意思（例如“再见”就是要同他人分开的意思）。他也知道虽然眼前没有看到某个人或某物品，但是这个人或物品仍是存在的。幼儿到了这个阶段，便可以结合生活情境，开始说出第一个有意义的词。此阶段的幼儿也开始可以靠名称来辨认熟悉的物品，刚开始是物品的名称（例如“车车”“饼饼”等），然后是动作的名称（例如“谢谢”“再见”等）。约从 13 个月开始，幼儿能使用某些音节（通常是单音或双音）来指称一个事物，表示其有用一个名词来代表一个事物的能力（例如用“狗狗”来称所有四条腿的动物），幼儿刚开始学会说的词汇都与其日常生活中常见的物或常玩的玩具有关。

2. 13～24 月龄幼儿语言沟通的活动设计

根据幼儿语言沟通的特点，可设计如下活动：

五个手指

★发展领域：语言沟通。

★适用年龄：13～24 个月。

★材料准备：熟悉儿歌。

★目的：

1. 培养语言理解能力，并且刺激听觉。

2. 训练开口音的发展。

★引导过程：

1. 活动开始。成人带领幼儿伸出双手玩五指抓握的游戏。

2. 介绍游戏：今天老师要用自己的双手做游戏，游戏名称叫“五个手指”。

3. 示范游戏。成人在手上进行手部动作示范，在示范过程中仔细讲解动作要领。

4. 成人带领幼儿一起游戏。

儿歌《五个手指》

一个手指点点点（伸出一个手指点宝宝）；
两个手指敲敲敲（伸出两个手指在宝宝身上轻敲）；
三个手指捏捏捏（伸出三个手指在宝宝身上轻捏）；
四个手指挠挠挠（伸出四个手指在宝宝身上轻挠）；
五个手指拍拍拍（两只手对拍）；
五个兄弟爬上山（从宝宝的下身做爬山状）；
叽里咕噜滚下来（在宝宝身上从上往下快速地挠）。

★变化延伸：更换其他的儿歌。

★注意事项：儿歌要多多练习，可以融入一日活动。

做沙拉

★发展领域：语言沟通。

★适用年龄：13～24 个月。

★材料准备：若干张水果图片、2～3 个干净的大龙球或羊角球。

★目的：能够边做动作边说儿歌。

★引导过程：

1. 成人出示水果图片：“宝宝们看看好吃的水果有哪些？我们一起来看一看、说一说。”成人边出示边引导幼儿说一说几种常见的水果名称。

2. 成人："今天我用这些好吃的水果来做一份水果沙拉。"成人边示范边念儿歌："洗、洗，洗一洗（两手相对做洗的动作），切、切，切一切（一手做刀，在另一手上切），挤、挤，挤一挤（两手虎口相对做挤的动作），拌、拌，拌一拌（两手握拳在胸前划圈），水果沙拉做好啦（拍手两次），请你也来尝一尝（双手向前打开，作托盘状）。"

3. 幼儿跟随成人一起边说儿歌边做动作。

4. 反复几次即可结束。

★变化延伸：如果时间允许，可以让幼儿动手做沙拉，然后分享。

（四）社会情绪

1. 13～24 月龄幼儿社会情绪的发展特点

此阶段的幼儿在探索环境的过程中，会以他们最信赖的成人为安全堡垒，向外探索后再度回到成人身边并反复此行为，当他们熟悉环境之后，他们会变得更有自信，且能更安心地学习独立。此阶段的幼儿也显得对人有兴趣，懂得留意甚至去模仿周围的人的角色，并且时常想吸引别人的注意，也会企图去取悦熟悉的人，较常使用笑容、拥抱和亲吻等方式来表达对别人的感情。幼儿喜欢和同伴在一起，互相观察、互相模仿，偶尔也可以和别人分享物品，但还不能和同伴玩在一起，仍是以独自游戏居多。在自我概念方面，幼儿能指出一两个自己身体上的器官，例如眼睛、嘴巴、手、脚等。18 个月的幼儿因为还未能具备内在控制的能力，加上自我行动的能力增强，自主性也相对提高，因此在行动上比较倾向于做自己想做的事，对事物也较不理解，较难遵从指令及明白环境的限制，因此这个阶段的幼儿还无法有效地学习社会规范。

2. 13～24 月龄幼儿社会情绪的活动设计

根据幼儿社会情绪的特点，可设计如下活动：

亲密时光

★发展领域：社会情绪。

★适用年龄：13～24 个月。

★材料准备：2 个玩具电话、《我的好妈妈》儿歌。

★目的：

增进妈妈等家人与幼儿的情感。

★引导过程：

1. 成人先清唱，再播放《我的好妈妈》儿歌，吸引幼儿的兴趣，鼓励幼儿跟着儿歌拍手做简单的动作。

2. 成人一个电话，幼儿一个电话。成人说："宝宝想妈妈了吗？那我们快来打电话给妈妈吧！"成人引导幼儿做打电话的动作，并对幼儿说："妈妈，妈妈，我想你。妈妈，妈妈，快点回家。"让幼儿跟着成人一起说一说。

3. 打电话游戏结束后，成人鼓励幼儿将电话玩具送到玩具柜上："宝宝，电话打完，现在我们把电话机放到玩具柜上吧！"

★变化延伸：

1. 可与幼儿进行对话游戏，增进其语言能力。

2. 可以更换打电话的对象（如爸爸、爷爷、奶奶等）。

★注意事项：成人尽量带领幼儿并协助他去完成。

（五）生活自理

1. 13～24 月龄幼儿生活自理的发展特点

此阶段的幼儿渐渐开始以米、面为主食，因此使用汤匙进食的机会增多了。幼儿在 13 个月的时候，由于平衡身体和协调四肢的能力才开始发展，故当成人替其穿衣服时，幼儿只会伸出手脚来配合，但还没有能力作任何衣物穿脱的动作。在这个领域的学习活动方面，成人可将重点放在提供此阶段的幼儿多样的食物经验，并且减少使用奶瓶次数，而以杯子来喝奶和以汤匙来吃食物，并且要鼓励幼儿自己进食和穿衣服。

2. 13～24 月龄幼儿生活自理的活动设计

根据幼儿生活自理的特点，可设计如下活动：

剥蛋壳

★发展领域：生活自理。

★适用年龄：13～24 个月。

★材料准备：小碟子、固蛋器、小汤匙、1 颗水煮蛋、餐垫。

★目的：

1. 学习照顾自己及招待别人。

2. 精进抓握、手腕、手臂的能力。

3. 学习剥的技巧，准备食材。

★引导流程：

1. 成人邀请幼儿加入。

2. 成人："现在要示范剥蛋壳。"

3. 引导幼儿洗手后取餐垫铺在桌面上。

4. 引导幼儿到食物预备区拿取自己需要的食材、餐具，固蛋器放在餐垫中央靠近幼儿的位置，其他的依照使用顺序由左至右排放在固蛋器上方和右边的餐垫上。

5. 引导幼儿取出一颗蛋放在固蛋器上。

6. 引导幼儿用非惯用手扶着固蛋器，另一只手握住汤匙，用汤匙底部轻敲蛋上缘 1/3 的区域，将蛋壳敲裂。

7. 引导幼儿以惯用手的手指将蛋壳剥下放在小碟子里，将剥好的鸡蛋放到指定的容器中备用。

8. 活动结束后清洁收拾。

★变化延伸：剥不同食材的壳或皮。

★注意事项：

1. 工作前需先洗手。

2. 要注意食材的卫生（加盖）和新鲜度。

3. 煮蛋前须先将蛋清洗干净。

第三节　25～36 月龄幼儿活动设计

一、环境规划

25～36 月龄幼儿身体发展上已经成熟了，也可独立行走去取得想要的物品，对周围事物充满好奇心。因此，环境规划应根据幼儿作息的不同设置粗大动作区、进食区、尿布区/厕所区、玩具操作区、游戏区和睡眠区等，让幼儿在开展不同活动时使用。

二、作息时间安排

25～36 月龄幼儿每日作息（见表 6－3）已形成一定规律，同时可以参加一些团体活动。活动领域和活动内容如下：

身体动作：设计平衡、跳跃等活动，增强幼儿体能与平衡能力，借助扣纽扣、捡豆子等活动增进幼儿精细动作的发展。

认知探索：设计模仿类、绘画类活动，增强幼儿的观察能力，帮助他们形成图画的概念，建立如大小、颜色、形状等基本概念。

语言沟通：设计自我介绍、故事类活动，提供更多交流表达的机会，丰富幼儿的语言环境，满足幼儿对语言的探索需求。

社会情绪：认识家庭成员及相互之间的关系，清楚地知道自己与别人的区别，引导幼儿正确地表达自己的情绪。

生活自理：增加生活自理能力的练习，能在白天自己上厕所、穿衣、收拾玩具等，学会照顾自己。

表 6-3　25～36 月龄幼儿一日生活作息安排表

时间	例行作息	保育与教育活动领域
8:30	• 入园，身心评估，测量体温 • 吃早餐，餐后清理 • 换尿布或上厕所 • 律动、体育游戏 • 收拾和洗手	语言沟通 生活自理 社会情绪 身体动作
10:00	• 营养补给，餐后清理，上厕所 • 五感教学活动 • 户外游戏活动 • 收拾和洗手	身体动作 认知探索
11:30	• 餐前教育，餐前准备 • 餐后清理，换尿布，刷牙漱口，如厕练习 • 说故事，看书	生活自理 语言沟通 认知探索
12:30	• 准备休息，听音乐，拍抚 • 午睡	语言沟通 社会情绪
14:30	• 轮流起床，收拾寝具 • 换尿布，如厕练习 • 洗手，吃点心，喝水	生活自理 身体动作 社会情绪
15:30	• 音乐律动，说故事 • 游戏活动、个别化活动 • 户外活动	语言沟通 认知探索 身体动作
17:30	• 吃晚餐 • 收拾玩具，替换尿布，准备回家 • 身心评估与记录 • 离园	生活自理 语言沟通 社会情绪

三、25～36月龄幼儿课程设计

（一）身体动作

1. 25～36月龄幼儿身体动作的发展特点

站立和步行是一项重要的生活技能，因为爬是手脚并用，而站和走只需用到双脚，双手可以空下来做很多的事情。此阶段的幼儿通常已可独立稳定地行走，因此他们开始进入学习独立自主的生活阶段。

粗大动作发展方面：当幼儿开始学习独立步行时，也同时发展平衡能力预防跌倒；平衡能力使幼儿可以在不同的环境中保持直立姿势且行动自如；而平衡能力与协调能力是彼此相关联的，因此在训练幼儿平衡能力的同时，也要训练幼儿的协调能力。此阶段的幼儿学习活动的重点应放在全身的平衡能力和协调能力方面的训练上，成人可引导幼儿做抛、踢、跑、爬等需用到全身肌肉平衡及协调的活动。

精细动作发展方面：25个月的幼儿可以叠高约6块大小形状相同的积木。比起上一个阶段，此阶段幼儿的手指和手腕活动的灵活度更高，加上手眼协调更成熟，因此学习活动的重点可放在更熟练运用手指动作的活动上，例如玩面粉团是一个很好的手指活动；还可以让幼儿多涂鸦，此阶段的幼儿可模仿成人画出垂直和水平的直线，乃至圆圈（但圆圈尚无法密合）；另外，可培养幼儿使用前两指（食指和拇指）的能力，例如一页一页地翻书和抓拿小东西。

2. 25～36月龄幼儿身体动作的活动设计

根据幼儿身体动作的特点，可设计如下活动：

小狗乖乖

★发展领域：身体动作。

★适用年龄：25～36个月。

★材料准备：

1. 铃鼓一只，彩带制作的路线图，哑铃制作的肉骨头若干，供幼儿爬行的大草坪、良木桥、山洞。

2. 小猫、小鸭、小兔、小狗的图片。请其他老师戴上头饰坐在椅子上扮演小动物的家，处于场地四周。

3. 小狗头饰若干，音乐。

★目的：

1. 学习听信号手膝着地爬行，增强四肢的肌肉力量。

2. 提高动作的协调性和灵活性。

3. 愿意参加集体活动，与同伴快乐地游戏。

★引导过程：

1. 谈话导入，热身活动。

师："孩子们！老师和你们一起做游戏。但是在游戏之前我们先来热热身吧！"（师幼共同听音乐做热身活动）

2. 角色扮演，变换方式朝目标爬行。

（1）师："你们看这是谁呀！我来做狗妈妈，你们做谁呀！宝宝，我们小狗家附近有哪些好朋友？"（引导幼儿说出小猫、小兔、小鸭）

（2）要求幼儿爬动着一起向小猫、小兔去问好，然后再爬回自己家。学说短句"小猫你好"。

（3）老师引导幼儿看看"妈妈"示范倒爬，提醒幼儿倒爬时不要碰到同伴。先请一个能力较强的幼儿示范倒爬。

（4）要求幼儿爬动着向小鸭去问好，引导幼儿学习倒爬，并倒爬着回小狗的家。

剥糖果

★发展领域：身体动作。

★适用年龄：25～36 个月。

★材料准备：纸包的糖果若干。

★目的：

1. 练习自己剥糖果。

2. 锻炼手指肌肉力量和精细动作。

★引导过程：

1. 成人邀请幼儿活动。

2. 成人："今天我们要剥糖果，请先看我示范。"

3. 成人示范剥糖果：用左手拿着糖果，右手的大拇指和食指轻轻捏住糖纸的右耳处，轻轻旋转，将右耳打开。以同样的方法换手将糖果的左耳打开。轻轻剥离糖纸，将剥出来的糖放在空盘子里。

4. 幼儿自己尝试剥糖纸，成人在一旁提示幼儿相互学习方法。

5. 成人观察幼儿探索的情况，鼓励幼儿运用多种方法剥糖纸，感受成功的快乐。

6. 邀请幼儿一起品尝糖果，但是要提前提醒注意事项。

7. 活动结束后，成人带领幼儿用清水漱口，保护牙齿。

★变化延伸：可以将活动材料替换成泡沫材质的糖果，那就不需要品尝了。

（二）认知探索

1. 25～36 月龄幼儿认知探索的发展特点

此阶段的幼儿可以辨别照片中的自己及熟人或是图片中的常见物品。在听觉方面，此阶段的幼儿能记忆一些儿歌的片段及听指令做出动作。另外，此阶段的幼儿也开始由“一定要出现在眼前的事物才表示存在的”进展到“可以利用想象的方式”的过渡期，他们可以在脑海中呈现“物”的意象，于是可以找回其亲眼看见被藏起来的物件，这也是幼儿未来学习语言和抽象符号的基础。此阶段的幼儿开始对 1～2 种的颜色名称产生兴趣，也能做一些简单的配对游戏。

2. 25～36 月龄幼儿认知探索的活动设计

根据幼儿认知探索的特点，可设计如下活动：

糖果屋

★发展领域：认知探索。

★适用年龄：25～36 个月。

★材料准备：

1. 将 3 个废旧纸箱贴上红色草莓、黄色香蕉、绿色苹果的贴画作为“糖果屋”，四周留出若干个小孔，小孔的高度适合幼儿。

2. 红黄绿的串珠混放在小筐里，每桌一筐。

3. 鞋带人手一根，在鞋带的一头打一个结。

4. 小熊手偶。

★目的：

1. 能够按照颜色分类穿串珠。

2. 乐于参加连线活动。

★引导过程：

1. 成人出示小熊手偶，将纸箱摆放在桌子上，请幼儿观察纸箱上贴的不同水果贴画，激发幼儿活动的兴趣。

成人：“小熊盖了三个糖果屋，每一个糖果屋只卖一种味道的水果糖，请宝宝们猜一猜都是什么水果。小熊想请宝宝们帮他一起做水果糖。”

启发幼儿说一说不同水果的名称。

2. 引导幼儿将一样颜色的串珠穿在一起，观察并适时指导。

成人：“你喜欢什么颜色的糖果，就穿什么颜色的糖果，可是颜色要一样，要不糖果的味道就不一样了。”

成人提醒幼儿检查串珠上的“糖果”的颜色是不是一样的。

3. 请幼儿将鞋带的一端插进纸箱的小孔中，将穿好的串珠布置在“糖果屋”外，鼓励幼儿相互欣赏。

★变化延伸：

1. 可以投放作品供幼儿玩卖糖果的游戏。

2. 放穿鞋板的玩具，帮助幼儿巩固“穿”的动作。

套杯子

★发展领域：认知探索。

★适用年龄：25～36个月。

★材料准备：一组套杯。

★目的：

1. 认知大小。

2. 了解大与小的区别。

★引导过程：

1. 成人提供一套杯子请幼儿看一看、玩一玩，让幼儿给杯子排排队，带幼儿认知“大”和“小”。

2. 成人拿出差异性最大的两个杯子，对幼儿说：“宝宝们看，这里有两个杯子。谁能告诉老师哪个大，哪个小？谁来给它们排排队？”

3. 等到幼儿正确区分后，再多拿几个杯子给幼儿，加以区分。

4. 出示一组大小各不相同的杯子，成人先示范按大小次序把杯子套在一起。然后请幼儿把成人套好的杯子，一个个拿出来。再请幼儿把小杯子一个个套在大杯子里，待杯子全部放进去后，让幼儿把小杯子从大杯子里一个个拿出来。反复几次玩这样的游戏。

★变化延伸：更换教具，再进行区分。

★注意事项：让幼儿先从简单的两个杯子开始区分，熟练后再逐一增加。

（三）语言沟通

1. 25～36 月龄幼儿语言沟通的发展特点

此阶段的幼儿会使用的词汇数量开始有惊人的增长，也开始掌握名词和动作词汇的运用，此阶段的幼儿学习活动重点在于成人预备一个充满语言活动的环境，并在适当的时机教导幼儿正确的话语。此阶段的幼儿虽尚无法说出很多词汇，但其就像块海绵似的大量吸收，等到语言表达能力完全成熟后，就可以陆续将所学所记的词汇熟练地说出来了。主要照顾者需注意的是不必急着纠正幼儿错误的句子或语法，而是借由示范将正确的句子或词汇说出来，并且鼓励幼儿积极表达。①

2. 25～36 月龄幼儿语言沟通的活动设计

根据幼儿语言沟通的特点，可设计如下活动：

指物作答

★发展领域：语言沟通。

★适用年龄：25～36 个月。

★材料准备：

1. 不同物品共三种。

2. 每种物品有真正的物品和模型。

★目的：能指认或说出熟悉的物品的名称。

★工作流程：

1. 请一位幼儿取一块织布铺于桌上。

2. 成人双手取出教具交给幼儿，放于桌上，幼儿坐在椅子上。

3. 引导幼儿去看盒内的东西。

4. 成人取出一个物品，告诉幼儿名称，再介绍第二个、第三个。

5. 成人对幼儿说："请将×××物品给我"，依次请幼儿拿其他物品。当幼儿拿错时，请说："谢谢你，你拿错了，你拿的是（正确名称）。"

6. 将物品放在桌上，成人指桌上任意一件物品，请幼儿说出名称。

7. 请发挥创造力。

★注意事项：一次介绍三个物品，可混合幼儿认识的 1～2 个物品。

★变化延伸：可变化内容物，例如蔬菜。

---

① 官群．儿童早期语言天赋：来自国际研究前沿的证据［J］．学前教育研究，2016（8）．

（四）社会情绪

1. 25～36 月龄幼儿社会情绪的发展特点

此阶段的幼儿仍处在完全以自我为中心的阶段，他们虽能与主要照顾者进行初步的沟通游戏，但仍无意与其他幼儿一起玩耍，他们通常较喜欢独自玩耍，自得其乐，如果安排两个此阶段的幼儿玩同一份玩具，很容易引起争执，因为他们认为自己想玩的玩具是属于自己的，还无法和同伴一起分享。另外，此阶段的幼儿也能更准确地掌握物品的特定功能（例如梳子是用来梳头发的，而不是拿来随意乱敲的）。在自我概念方面，此阶段的幼儿能辨别镜中或照片中的自己，也能分辨一些属于自己的物品。随着自我意识的提高，有时为表示自己的意见会出现和成人唱反调的情形。

2. 25～36 月龄幼儿社会情绪的活动设计

根据幼儿社会情绪的特点，可设计如下活动：

感受冷和暖

★发展领域：社会情绪。

★适用年龄：25～36 个月。

★材料准备：各种取暖物品数件，如手套、围巾、大衣、热水袋等。

★目的：

1. 尝试感受冷、暖。

2. 了解一些取暖的方法。

★引导过程：

1. 让幼儿感受冷暖。

成人问一问幼儿是外面暖和还是室内暖和。成人用冰凉的手与幼儿的手握一握。

2. 请幼儿尝试各种方法使身体变得暖和。成人引导幼儿搓搓手、跺跺脚、跳一跳、对着手哈哈气等。

3. 成人引导幼儿感受各种取暖物品的特性，并说一说自己的感觉。引导幼儿分组操作不同物品，如摸摸热水袋，戴戴围巾、手套、帽子（戴一段时间）。和幼儿集体感受空调的冷风。

4. 请幼儿用暖和的小手与旁边的小朋友、老师握一握。

（五）生活自理

1. 25～36 月龄幼儿生活自理的发展特点

此阶段的幼儿能尝试用更多不同的餐具来进食，例如使用吸管喝水，也可使用杯子喝水而不弄洒。幼儿也能咬及咀嚼更多的固体食物，因此成人可提供更多样的食物供其练习咀嚼能力。在如厕训练上，此阶段的幼儿尿道与直肠的神经及肛门的肌肉发育较健全，因此可以感到有便意，大小便的时间也较有规律。同时随着语言能力的发展，这个阶段的幼儿可以借由表情、声音及简单语言来表达便意，因此成人可提供造型可爱的小马桶让幼儿开始练习在小马桶上大小便。此阶段的幼儿已具有良好的坐姿平衡、身体协调能力和足够的抓握力，因此可以尝试学习脱下简单的衣物，包括鞋子、袜子和短裤。此阶段的幼儿模仿能力特别强，他们也可以模仿成人做一些简单的家务，因此成人可以提供一些让幼儿参与简单家务的机会。

2. 25～36 月龄幼儿生活自理的活动设计

根据幼儿生活自理的特点，可设计如下活动：

我会穿鞋啦

★发展领域：生活自理。

★适用年龄：25～36 个月。

★材料准备：

1. 大鞋、小鞋、鞋垫、脚印图片、正反鞋图片、大鞋小鞋歌曲。

2. “我会穿鞋啦”的相关图片资料。

★目的：

1. 掌握正确的穿鞋方法。

2. 懂得在生活中鞋子掉了、鞋扣开了、鞋子穿反了可能会有危险。

★引导过程：

1. 锻炼幼儿自己穿鞋，掌握正确的穿鞋方法。

(1) 玩游戏。帮助幼儿发现正反鞋的不同之处，鼓励幼儿自己改正反的脚印。引导幼儿玩踩脚印的游戏：“123，321，我和小脚印做游戏，你踩我也踩，踩到小脚印快站好。”让幼儿发现脚印的正反。这时教师说：“看一看小脚印，你发现了什么？”请幼儿改正反的脚印。

(2) 边说儿歌边穿鞋，掌握穿鞋的正确方法。教师拿出一双小鞋，说儿歌：“两只小鞋头碰头，好像一对好朋友，小鞋襻向外扣，穿好鞋子到处走。”帮助幼儿理解儿歌内容。这时教师问：“小鞋头怎样？小鞋襻向哪扣？”教师说儿歌时指导幼儿把自己的鞋放在脚印上摆好，然后穿好鞋子。

2. 分组游戏，巩固穿鞋的方法。

（1）找朋友，幼儿区分正鞋反鞋。操作：把正鞋的图片放在鞋架上。

（2）幼儿先将两只鞋摆在镶嵌板里。操作：只有把两只鞋摆正，才能放进去。

3. 通过穿大鞋的游戏，引导幼儿练习正确的穿鞋方法，增加游戏的趣味性。

（1）幼儿穿大鞋（教师儿歌指导）。

（2）音乐游戏“大鞋小鞋”。

提醒幼儿：“鞋子没穿好，还可以赶快告诉老师，请老师来帮助你。”

★变化延伸：投放穿鞋子的活动于日常区，并每天练习入园换鞋和午睡后穿鞋。

★注意事项：提醒幼儿注意鞋子的左右。

本章小结

本章主要介绍了 7～12 月龄、13～24 月龄、25～36 月龄婴幼儿环境创设上要设置相应的游戏区、盥洗区、睡眠区等，在婴幼儿作息时间安排上应各有侧重点。在具体的课程活动设计方面，主要在身体动作、认知探索、语言沟通、社会情绪、生活自理五个方面分析了婴幼儿的发展特点，根据不同月龄婴幼儿的发展水平设计适应性活动，如套杯子、糖果屋等。

同步练习

一、选择题

1. 7～12 月龄婴儿的活动设计在认知探索方面应侧重于（　　）。

A. 感官探索　　B. 动手操作　　C. 识别常见物体　　D. 自我概念

2. 13～24 月龄幼儿的活动设计在身体动作方面应侧重于（　　）。

A. 反应敏捷度　　B. 爬行、站立等粗大动作

C. 客体永久性　　D. 手部精细动作

3. 25～36 月龄幼儿的活动设计在语言沟通方面应侧重于（　　）。

A. 语法练习　　B. 牙牙学语　　C. 短句练习　　D. 模仿语音

4. 以下符合 25～36 月龄幼儿活动社会情绪特点的是（　　）。

A. 建立了情感上的依附关系，会主动伸出手要熟悉的成人抱，对成人友善或不友善的语气有不同的反应

B. 能与主要照顾者进行初步的沟通游戏，但仍无意与其他的幼儿一起玩耍，他们通常较喜欢独自玩耍，自得其乐

C. 对人有兴趣，懂得留意甚至去模仿周围的人的角色，并且时常想吸引他人的注意，也会企图去取悦熟悉的人

D. 可以和成人玩一些简单的游戏，并且可以模仿成人简单的动作

5. “颜色分类”活动是 13～24 月龄幼儿的（　　）活动。

A. 身体动作　　B. 认知探索　　C. 语言沟通　　D. 社会情绪

二、判断题

1. 7～12 月龄婴儿能够练习拿奶瓶喝奶、能吞咽糊状辅品。（　　）

2. 24 个月的幼儿可以叠高约 6 块大小形状相同的积木。（　　）

3. 25～36 月龄幼儿词汇数量处于缓慢增长时期。（　　）

4. 7～12 月龄婴儿能尝试用更多不同的餐具来进食，例如使用吸管喝水，也可使用杯子喝水而不弄洒，还能咬及咀嚼更多的固体食物。（　　）

5. 13～24 月龄幼儿环境规划应该按幼儿作息的不同设置水浴室、尿布台、游戏区等，供幼儿开展不同活动时使用。（　　）

三、简答题

1. 简述 25～36 月龄幼儿身体动作的发展特点。

2. 简述 7～12 月龄婴儿语言沟通的发展特点。

3. 简述 13～24 月龄幼儿生活自理的发展特点。

四、思考题

为 7～12 月龄婴儿设计一个身体动作领域的活动。

第七章　托育机构环境创设

学习目标

知识目标

1. 了解托育机构的选址与房屋建设要求。
2. 熟悉托育机构室内环境设计，并能有针对性地进行环境布置。
3. 了解班级环境创设与区域材料投放的要求。

能力目标

1. 能够根据房屋选址要求规划托育机构的建设方案。
2. 能够结合婴幼儿的发展需要布置出合理的活动环境。
3. 能够正确投放游戏材料。

素养目标

1. 树立儿童安全发展意识。
2. 学习托育机构环境创设，促进儿童健康发展。

案例导入

泥土从哪里来？

娜娜老师是一位家庭儿童保育人员，她在自己家里进行保育工作。一天，她带孩子们来到院子里。32 个月的瑞瑞和 21 个月的杰杰蹲坐在一个他们发现的洞旁。他们盯着那个泥土里的小洞，然后瑞瑞看到附近有根木棍，便拿起后放到洞里再拔出来。杰杰看了一会儿，把自己的手指也放在洞里再拔出来，杰杰发现泥土粘在他的手指上，他赶紧展示给娜娜老师看。娜娜老师问杰杰："这些泥是哪里来的呢？"杰杰指着那个洞。瑞瑞和杰杰发现了那个洞里有泥土，这对于成人来说不是很惊奇的事，而娜娜老师理解杰杰是在分享他的好奇心。因此，娜娜老师允许杰杰继续探索那个洞。尽管杰杰可能还是只获得一些泥土，但是这样的经历会帮助他加深理解，并且可以在他的脑海里创造一些问题，然后通过自己的探索去寻找答案。

问题：是什么促成了杰杰去主动探索和学习？

第一节　托育机构环境创设概述

作为早期教育机构，托育机构环境创设的重要性是不言而喻的。蒙台梭利认为：婴幼儿的精神生活需要得到保护，并被一种环境所包围，这可以比作大自然用某种材料包裹胚胎体一样，在个人（精神的胚胎）和其环境之间存在着相互交换，婴幼儿被迫跟其环境达成某种妥协，结果必然导致其个性的整合。婴幼儿所处的场合应该是一个适宜的环境。托育机构的环境指的是房舍、材料、人员（保育者、婴幼儿教师），以及其他规则、目标、手段等要素的合理组合搭配。总的来说，一个良好的托育机构环境应该包括以下内容。

一、安全熟悉的心理氛围

婴幼儿应该生活在一个有丰富感知刺激的环境和充满温暖爱心的氛围中。托育机构要创造的是一个能适应婴幼儿生长的环境，婴幼儿能自由自在活动的、安全的环境，能带给婴幼儿安全、熟悉的心理氛围。托育机构的环境应该宽敞、明亮、温馨、色调鲜明，托育机构的工作人员应该态度亲切平和，说话的语气轻柔、自然。教师和保育者的平等交流会给婴幼儿带来潜移默化的影响，使婴幼儿在心理上感受到一种宁静。①

二、有意义的材料环境

就如同托育机构里的另一位教师，环境中隐含着种种教育的目标与内容，并可以随时向婴幼儿和保育者传递丰富的信息。这一功能的实现有赖于婴幼儿在这一环境中的活动，

① 单兵斌．浅谈幼儿园心理环境的创设［J］．学前教育研究，1997（4）．

有赖于环境中蕴含的各种积极、丰富的刺激，有赖于环境中包含着有意义、可操作的材料。①

托育机构必须有一定的器材和项目的配置，如准备一些感统器材、蒙氏教具、早期阅读材料、各类教玩具、潜能开发量表测评工具及材料等，此外还要有专项训练器材以及各种保健用品、生活用品等。这些材料可以引发婴幼儿和教师、保育者进行相互作用，激发婴幼儿的喜爱之情，引起婴幼儿动手的欲望。

三、激发人际互动的环境

托育机构的总目标就是试图通过各种活动，促进婴幼儿、教师和保育者的共同发展，在三方的积极互动中提高早期保教质量。因此，托育机构的环境应该可以激发人际互动，为婴幼儿、教师、保育者三者之间可以尽情游戏、自由交谈、愉快交往提供便利，并向保育者提供各类信息。

第二节　选址与房屋要求

婴幼儿正处于大脑和身体高速发育的关键时期，托育机构的设立环境将对其身心健康和全面发展产生重要的影响。因此，托育机构的选址要充分考虑婴幼儿身心健康的发展需求，并将此作为首要前提。举办者应依据设立类型合理选址，除了必须符合国家相关设计规范和安全卫生的要求，还应把周边自然环境、人口密度、消费水平、育儿观念、发展趋势、服务范围和交通便利性等因素考虑在内。

一、周边环境要求

举办者在设立托育机构前应进行科学选址，应选择地质条件好、房屋安全、环境适宜、空气流通、日照充足、交通便利、场地平整、排水通畅、基础设施完善、卫生环保的宜建地带。以下是选址时对周边环境的重点要求。

（一）安全的周边环境

对于婴幼儿来说，生命安全尤为重要，托育机构的选址必须把所有事关安全的因素放在首位，杜绝或避免意外伤害事故的发生，提高对环境中危险因素的敏感性和甄别能力。

---

① 杨莉君，邓双．示范性幼儿园区域活动材料投放的有效性［J］．学前教育研究，2012（5）．

综合考量周边环境时首先要注意远离交通主干道或高速公路，以及可能发生洪水等地质灾害的危险地带，场所地下不应有燃气管、输油管等穿过。不应将机构设置在建筑的三层以上空间内，也不应设立在建筑的地下或半地下空间内。选址应避免存在尾气污染、自然照明不足、交通事故、地质灾害、高空坠物、火灾等潜在危险的地方。

托育机构户外活动场地的安全也要引起重视，例如：场地应平整，无碎石、坑凹、尖锐物，地面铺设软质保护材料；路面要防滑，排水通畅；花坛、扶手等不带棱角且光滑圆润等。教职工车辆、机构后勤车辆和其他外来车辆不得进入室内外儿童活动场地，必须定点停放、安全管理。①

（二）安静的周边环境

托育机构选址还需要重点考量周边环境中噪声、空气质量等因素。环境中，无论是较差的空气质量还是喧嚣杂乱的声响都有可能影响婴幼儿的情绪和身体发育，甚至带来危害，因此托育机构不应设置在杂乱喧闹、人流复杂、噪声不断的地方，要远离嘈杂的娱乐场所、集市、工厂等不利于婴幼儿身心健康发展的环境。

（三）无污染的周边环境

托育机构选址时，应有意识地考察周边 1～2 千米，注意远离医院垃圾站、加油站、高压变电器等污染源，这些地方潜在的污物辐射、不良气味等都有可能对婴幼儿的身心发展造成严重影响。

（四）便利的周边环境

托育机构选址还需要重点考量周边环境的交通便利性，例如：托育机构周边道路应通畅，附近有方便的停车环境，距离服务对象工作场所或住所较近等，这些会更方便为婴幼儿及其家庭服务。

（五）适宜的户外活动环境

良好适宜的户外活动环境可让婴幼儿得到充分的身体运动，自然条件下的活动可以最优地促进婴幼儿的身体健康和动作发展，也可让婴幼儿在自由的户外活动中获得更多学习探索的机会和愉悦的情绪。

托育机构选址时，如有条件，应充分考虑该场所或附近是否有良好、适宜的户外活动场地，例如：绿地面积充足，保证夏季有遮阴的场地；可以设置大型户外游乐设施，如滑梯、小木屋、平衡桥、沙池、水池等；有条件的机构，还可以开辟种植园地和饲养角。此

① 杨莉君，曹莉．中部地区农村学前教育事业发展存在的问题及解决对策［J］．学前教育研究，2011（6）.

外，还需注意户外场地是否有充足的日照，能否为婴幼儿的活动创造光线条件。

二、房屋建筑要求

托育机构的房屋建筑应遵循安全实用、经济美观的原则，并依据各类规格、标准建设。

托育机构的规划、建设（含改扩建）包括建筑布局、建筑面积、内部设施结构功能、材料、防火、各室及区域的设计、层高走廊、门窗、楼梯等，可以参考《托儿所、幼儿园建筑设计规范》中有关托儿所、幼儿园的建筑设计规范要求。

若托育机构是新建，则在建设之初就需要做好细致的规划设计。若托育机构是改扩建，就需要重视并了解原房屋结构是否安全，是否可用于托育服务，因为这不仅关系到婴幼儿的人身安全，也关系到托育机构是否可以依据自身需求加以合理安全的改造，以提供适宜有效的服务。对于房龄超过 20 年的房屋建筑，须通过房屋结构安全检测后，才可用于提供托育服务。

（一）建筑规模适宜

在确定托育机构的选址前，首先需要考虑的是机构的建设规模。2017 年施行的《幼儿园建设标准》中提出，幼儿园办园规模不宜超过 12 个班。由于婴幼儿年龄小，机构规模过大对于托育机构的管理、安全和服务质量等都会带来不利影响。参考目前美国、日本、欧洲等国家和地区的做法，托育机构的建设规模一般建议不超过 8 个班，总人数建议在 150 人以内。通常，托育机构的建设规模还应考虑周边社区潜在服务对象的人口数量、班级之外其他活动空间的面积要求、后期发展的规划等。

（二）房屋性质合规

托育机构的选址对房屋建筑的性质有相应的规范要求。用于经营托育机构的房屋，不应为普通住宅性质。托育机构租赁或自有的房屋一般应为商业办公商住两用性质，如商铺、会所、写字楼、企业园区等具备托育机构经营条件的场所。

（三）平面布局合理

托育机构的总平面布局应因地制宜，结合机构类型和性质合理布局，做到功能分区明确，便于婴幼儿生活和活动，重点应把握以下几个要素的设计：建筑的朝向要确保日照充足，根据我国《民用建筑设计统一标准》(GB 50352—2019）的规定，托儿所、幼儿园的主要生活用房，应能获得冬至日不小于 3 小时的日照标准；房屋出入口的设计必须方便安全，并留有相应数量的疏散通道；房屋周围要有必要的围护及防护措施，等等。托育机构，尤其是全日制托育机构，应尽量有户外场地和充足面积的绿地，建议婴幼儿人均用地、建筑面积、绿化面积分别达到12平方米、7平方米、2平方米，户外活动场地人均6平方米以上。通常，户外活动场地面积不小于60平方米，其中绿地占比应不小于30%；户外场地中有草坪、塑胶等软质地，不小于户外活动面积的50%。条件允许的情况下，最好配有无安全隐患、适宜婴幼儿玩耍活动的大型设施，如滑梯、攀爬架、沙池等。如因条件限制，无户外活动场地，可依据实际情况合理规划室内空间，做到保障婴幼儿室内生活和身体锻炼等全方面发展的需求。

半日制托育机构和计时制托育机构，可根据场所面积和结构合理布局，原则是确保婴幼儿的活动场所面积充足，各类用房宜采取经济实用的方式加以规划利用，如场所中有户外活动场地，可依据实际情况合理规划，做到紧凑实用。

（四）灵活的房屋分类

托育机构的房屋可分为婴幼儿生活活动用房、服务管理用房、供应用房3类。不同类型的托育机构可依据实际需求配置用房。

由于婴幼儿活动能力尚弱，考虑到突发情况和紧急情况下疏散时的安全，婴幼儿的生活活动用房应在建筑物的三层以下，不可设在地下室或半地下室，生活活动用房可按婴幼儿的年龄合理分配使用，如年龄小的班级应设在底层。

通常，托育机构的房屋建筑设计仍采取将若干个婴幼儿生活单元进行组合设计的方式，以确保各班生活的相对独立性。生活单元的特点是每班有独立使用的生活用房及家具设备。

以全日制托育机构为例，这3类用房具体包括：

（1）生活活动用房：活动室、卫生间、寝室、储藏间、专用活动室等。

（2）服务管理用房：门卫（保安）室、健康观察室、办公室、园长室、财务室、资源室等。

（3）供应用房：厨房、配餐室、开水间等。

其他类型的托育机构，由于选择的场所条件不同或规模大小等存在差异，可根据实际情况灵活配置用房。

第三节　室内环境设计

一、生活区环境设计

婴幼儿的生活区可包括寝室、盥洗室和卫生间、保健室、母婴室等。托育机构应根据开办性质和类型的不同，有针对性地依据功能需求设置符合要求的寝室、盥洗室和卫生间、保健室、母婴室等配套设施。

（一）寝室

招收全日制托班的托育机构，应提供寝室。有条件的托育机构应尽量单独设置寝室并分班使用；如不具备条件单独设置的，寝室可与活动室合并使用。

寝室内应放置适合婴幼儿单人专用的小床（固定床或折叠床）。为了保障婴幼儿的睡眠质量，寝室窗户上应安装窗帘；窗户上还应安装防护栏，以防婴幼儿攀爬跌落。寝室应紧邻卫生间，便于婴幼儿使用。

（二）盥洗室和卫生间

无论哪种类型和性质的托育机构，在条件具备的情况下，都应为每班设置独立的符合婴幼儿身心特点的盥洗室和卫生间，并相对隔开。尤其是独立设置的全日制托管型托育机构，应该按此要求设置，盥洗室和卫生间内均为平整无台阶，地面均应使用防滑地砖，避免婴幼儿跌倒；墙面扶手应做圆角设计，防止婴幼儿碰撞受伤。整体设计要让婴幼儿感受到舒适、安全，为他们养成良好的如厕排便习惯奠定基础。

盥洗室应不小于 6 平方米，配有婴幼儿饮水用具（保温桶、茶杯箱）、洗手池（婴幼儿洗手池和教师洗手池）、储物柜、消毒柜、毛巾架、污水池等设施。婴幼儿洗手池应有 3～4 个，水龙头高度要适合婴幼儿，同时要确保冬季有适宜温度的热水使用。

卫生间应不小于 10 平方米，并依据婴幼儿不同月龄班设置。托小班、托大班的卫生间内可配备婴幼儿专用小马桶（坐便器）、小便斗或小便池。乳儿班和托小班的卫生间还应提供换尿布台（挂壁式或台式）。需要注意的是，要尽量把换尿布台单独设置在一个区域中，如有条件还应提供单独配套使用的水池和专用垃圾桶。因为换尿布区域如果不注意清洁消毒，或者未与其他区域相对分开，易传播痢疾病毒、轮状病毒和一些肠道病毒等。托大班卫生间可配备一人一坑的小蹲坑槽、小便斗或小便池，蹲坑两边装有隔板，隔板处可加设扶手，便于婴幼儿如厕时使用。日常使用后均须及时做好清洗消毒工作。若卫生间无窗，需要考虑安装通风设施。

托育机构的盥洗室和卫生间，还应考虑美观、有童趣的设计因素，如洗手台上可有不同形状的镜子、动物形象的水龙头、绿色植物、卡通贴画等，这样有助于让婴幼儿产生愉快的如厕体验，为培养良好的如厕习惯奠定基础。

其他类型的托育机构应参考以上原则，根据活动室数量和开班人数合理配置盥洗室和卫生间。①

---

① 李亭亭．幼儿园室内环境设计研究［D］．长春：吉林大学，2013.

（三）保健室

保健室主要用于婴幼儿体检、一般伤势处理、隔离观察等。室内需配置婴幼儿观察床、桌椅、药品柜、资料柜、洗手池和洗涤池、婴幼儿杠杆式体重秤、身高计（供 2 岁以上幼儿使用）、量床（供 2 岁及以下婴幼儿使用）、国际标准视力表或标准对数视力表灯箱、体围测量软尺，以及消毒压舌板、体温计、手电筒等晨检用品。如有需要，还应配备空间消毒装置和消毒液等用品。

（四）母婴室

托育机构应设有安全温馨的母婴室，方便母亲给婴儿哺乳。室内需配置挂壁式或台式换尿布台、婴儿床、洗手池、饮水设备、温奶器、空调、座椅或沙发等设施设备，并设有私密性的隔帘，方便婴幼儿母亲使用。

二、活动区环境设计

（一）扮演区

正如维果茨基所说，婴幼儿在游戏中的表现会超越自己的年龄、超越日常的行为。游戏为支持婴幼儿的学习提供了最佳的发展环境。角色扮演游戏允许婴幼儿练习他们在现实生活中学到的知识和技能，并将零散的知识和技能与已有经验相结合，让其变得更有意义。因此，成人可以通过建立一个有效的角色扮演区来促进婴幼儿认知、自我管理、社交、情感和创造性等多方面的发展。通常，一个有效的角色扮演区需要具有以下特点：

（1）这是一个定义明确的区域，即将角色扮演区独立成区，并且注意角色扮演区的美观度。此外，成人在设计区域的环境时要考虑天花板的高度，例如一些成人会在角色扮演区使用布帘来降低天花板的高度。研究表明，当天花板高度较低时，婴幼儿会参与更多的合作性游戏。

（2）有足够的空间，至少能容纳 4～6 名婴幼儿同时游戏。

（3）可位于积木区旁边，以增加两个区角之间的交互游戏。例如，当角色扮演区的婴幼儿要进行汽车主题的扮演时，如果区域中没有足够的材料，他们就可以去积木区建构汽车，然后拿到角色扮演区中进行游戏。

（4）提供存储柜，方便婴幼儿取放材料，并且可以练习一一对应的技能。

（5）需要时，可以随时调整区角以保证充足的游戏机会，以及保持婴幼儿游戏的兴趣。

成人还应该投放有利于婴幼儿角色扮演的材料。该阶段的婴幼儿仍处于以自我为中心的阶段，因此，成人需要在区域中投放重复的材料，使他们可以参与平行游戏。重复的材料将允许婴幼儿在参与平行游戏时可以彼此模仿。

成人还要提供服装或布料，可以让婴幼儿创造自己的服装，帮助他们更快地进入角色。服装装扮最好是使用魔术贴或其他便于婴幼儿穿脱的道具。并且还要有婴幼儿熟悉且真实的物品，让婴幼儿可以再现自己的经验。但要注意的是，成人要保证婴幼儿的安全，例如首饰和其他材料需要足够大，避免因异物吸入而导致窒息危险。此外，成人还可以投放全身镜，让婴幼儿能看到自己的装扮。

除此之外，成人还要提供各种职业道具来支持婴幼儿进行游戏。因为职业道具可以代表不同的主题，例如医生工具箱中的听诊器能鼓励婴幼儿听对方的心跳。仿真玩具虽然不太逼真，但能有更多样化的游戏体验。真实道具会给婴幼儿带来不同的体验，例如当婴幼儿使用真正的听诊器时，将有机会听到对方的心跳。另外，角色扮演区还应该有自由未定义的物品，婴幼儿可以将其想象成他们需要的任何东西，例如织物可以变成披肩、围裙、头巾或桌布等。

（二）益智区

婴幼儿是天生的科学家，他们喜欢探索周围的世界，并且会通过他们日常经验中获得的信息来了解世界，发展关于世界如何运作的理论。成人在创设益智区时需要注意以下几点：

（1）益智区要位于一个靠近窗户和水槽的安静区域，因为实验需要自然光线，也需要水进行清理。

（2）储存材料的柜子要有相应的标记，便于婴幼儿取放。

（3）提供足够的工作空间，因为婴幼儿可能需要将材料散布在空间中来完成活动。

（4）包含可以张贴科学信息和发现的公告板。

（5）通过提供开放式的、吸引人的材料或不同难度等级的活动来满足婴幼儿不同的发展需求。此外，可以通过提供实验服来激发婴幼儿的兴趣。

（6）包含探索的辅助工具，例如放大镜、滴管、天平等。

（7）所有材料都是安全且可以使用的；材料是按照逻辑顺序排列的；不同的操作材料都有一个明确指定的位置进行操作；材料都在婴幼儿可获取的范围内；有完成活动的指示（如图片等）。

（三）阅读区

“零岁起步”是阅读的最新理念。阅读通常是一个安静的活动，因此阅读区应该位于房间的安静区域，并且要有足够的照明（自然光线能给予婴幼儿更良好的阅读体验）。另外，早期阅读区的环境创设要简洁，例如地毯的图案设计最好是简单的，以免干扰婴幼儿的阅读。

对于婴幼儿来说，阅读环境中应该要设有能让成人和婴幼儿互相依偎的地方，以此来增加婴幼儿的安全感，促进亲子之间的情感依恋。

同时，在阅读区中还要添加与图书相关的物品，例如各种主题的绘本，或者是能突出图书内容的物品，例如，当要突出关于海洋主题的图书时，则可以添加贝壳作为装饰。图书的尺寸要大，并且色彩清晰，内容要适合婴幼儿，以确保婴幼儿感兴趣。在使用这些图书的时候，成人可以将书中的图片一张张指给婴幼儿看，并告诉他们图片的内容。此外，还可以为婴幼儿提供他们熟悉的事物的照片，如奶瓶等。

（四）艺术区

婴幼儿参与艺术活动，可以增加他们的艺术知识、技能和创造力，同时促进认知、情感、社会性和身体的发展。

艺术的学习虽然不只是发生在一个区域（婴幼儿可以从图画书中学习艺术，在其他区域的墙面图片上学习艺术），但是有一个专门的区域让婴幼儿可以专注于创作和学习艺术是很重要的。艺术区可以是一个单独的房间，也可以是房间内的某个区域，但无论是哪一种艺术区，成人都要注意以下内容：

（1）要有充足的自然光和人造光。

（2）桌面易于清洁，或是在桌上覆盖桌垫。地面也要易于清洗且能防水，可以铺设瓷砖。墙面也要易于清理。对于婴幼儿而言，墙面也可以用来创作，成人可在墙上刷涂鸦膜，以便清洗。另外，成人最好帮婴幼儿配置工作服，还要提供小抹布、扫把等工具，以培养婴幼儿收拾整理的习惯。

（3）提供一个能让婴幼儿专心创作的安静空间，并且要足够大，这样才能让他们创作大幅作品，可以让许多婴幼儿同时创作同一幅作品。

（4）要设计有助于晾干作品和存储已完成作品的空间，以及用于展示艺术创作（平面和立体）的空间。

（5）要提供安全的、丰富的、高品质的、真实的材料和工具，并且要有摆放整齐有序的储物柜。成人要将活动材料分类放置，让婴幼儿可以轻松获取材料。此外还要注意根据婴幼儿的需要及时补充材料。

（6）提供丰富的现实生活中的物品和照片等供婴幼儿参考，以激发其创作灵感，同时也能为婴幼儿提供艺术欣赏的机会。

（五）建构区

积木建构在早期儿童教育中有着丰富的历史。福禄贝尔被认为是第一个将积木作为系统课程的组成部分的人，蒙台梭利也将积木作为材料的一部分，但是他们都要求婴幼儿以规定的方式使用积木。现在出现了单元积木，即两个较小的积木合起来等于一个较大的积木，婴幼儿可以按照自己的想法进行建构。除了常规的积木之外，成人还可以选择投放废旧鞋盒、塑料碗、塑料杯、填充了废旧报纸的纸袋等物品来作为积木的替代物，允许婴幼儿感知不同属性的建构材料，获得不同的建构机会和体验。

根据该年龄段婴幼儿的特点，他们的积木建构还处于搬运、装满、倾倒阶段，他们不搭建也不排列，即该阶段的婴幼儿更多的是拿着、抱着积木到处走，或是在地上随意地摆放。这个阶段的婴幼儿正在熟悉和感受积木的大小、重量、形状等属性。

成人可以提供不同类型的积木让婴幼儿进行感知和探索，但要提供材质安全的积木且要定期消毒，因为小年龄的婴幼儿喜欢用嘴探索物体。此外，为了给婴幼儿提供丰富的建构体验，成人要投放足够的不同尺寸和类型的积木材料，以及不同尺寸的容器，以帮助他们发展空间和形状的概念。另外，为了便于婴幼儿取放积木材料，成人可将积木分门别类地放在做好标记（如将积木的轮廓或照片等贴在盒子上）的收纳盒中，再将收纳盒放置在开放式的柜子上。

第四节　硬件设施及要求

硬件设施分为室内和户外两种。活动室是婴幼儿常在的活动空间，空间内的硬件设施应让婴幼儿感到安全舒适，如家具的色彩应与环境色彩搭配协调，高度、类型均应适合婴幼儿使用。

一、室内硬件设施

室内硬件设施主要包括家具设备、电器设备和器械设备。

（一）家具设备

活动室中应配备符合婴幼儿活动需要的家具，有适合婴幼儿身高的配套桌椅。托小班除了有供游戏玩耍的桌椅外，还应配备婴幼儿餐桌椅，用于午餐或吃点心。教室内有开放式的、可自由组合的玩具柜，以利于布局分隔室内区域，其高度应适合婴幼儿取放玩具。有使用尿不湿需求的婴幼儿教室，还应设置尿布台家具（如物品储藏柜、尿片存放格子）。班级桌椅、玩教具柜的边角都应做圆角处理，用健康环保材料制作，还要注意边缘无毛刺或细小五金件无松动脱落。

（二）电器设备

电器设备在托育机构的所有空间都或多或少地被设置。室内电源开关和插座须质量可靠、安全耐用；安装时须离地面 1.6 米以上，确保婴幼儿无法触及。托育机构的电器主要分为生活应用和教学应用两类。生活应用类主要有依据实际情况配备的调节温度的电器设备，如电扇（吊扇、壁扇等）、空调、集中供暖设备、消毒柜、消毒灯等，良好的照明、通风、消防等相关设备。教学应用类主要有音乐播放器（CD 机、音响等）、电视机（或一体机），有条件的机构还可提供投影等设备。需注意各类电器设备都要符合国家家电标准和能效标准。

（三）器械设备

托育机构根据教室、专业活动室和公共游乐区等区域开展活动的差异会有各种大小不同的器械设备，用以支持婴幼儿的发展需求和游乐需求。托育机构主要的器械为体能运动器械，即通过婴幼儿的跑、跳、钻、走、爬、转、翻、滚、滑等发展身体动作的器械。

二、户外硬件设施

有户外场地条件的托育机构还需要配备户外硬件设施，来对应户外环境的整体规划设计。户外硬件设施的配置要综合考虑以下几个因素：

（1）设施适宜婴幼儿活动。

（2）设施安全，又具有一定的挑战性。

（3）设施类型多样，多方面促进婴幼儿身体动作、感知觉的发展。

因此，在户外场地可设置具有攀爬功能的斜坡、滑梯、轮胎，玩沙玩水的沙坑、浅水池，训练平衡功能的小吊床或秋千、平衡木等，还可设置具有空间探索功能的小隧道等。总之，要因地制宜地充分利用户外场地做好整体的规划设计，既要满足低年龄段婴幼儿的户外活动需要，又要满足高年龄段幼儿的探索需求，让户外环境在丰富设施的支持下成为区域功能丰富的无顶教室，全面支持不同年龄阶段婴幼儿的探索体验。

第五节　班级环境与区域材料投放

环境和材料的适宜性是考量托育机构专业性的重要指标。除了可见的、良好的物质环境外，让婴幼儿产生信任、依恋、安全的心理环境也尤为重要。

一、班级环境要求

（一）健康安全的环境

对于婴幼儿来说，年龄越小，对环境的要求就越高。他们不仅需要成人用心呵护，更需要成人特别关注环境中的安全问题，这一点托育机构的管理者必须明确。在物质环境中，班级环境布置必须把婴幼儿健康和安全置于首位，杜绝可能出现的安全隐患。如：

（1）避免出现细小物件、尖角。

（2）家具要稳固，甚至是绝对固定住。

（3）窗户或婴幼儿床的护栏间距符合标准，以免婴幼儿被卡住。

（4）不出现带刺或有毒的植物。

（5）电源插座不会被婴幼儿触及，且都为安全保护插座。

（6）清洁、消毒用品必须放置在吊柜中，不被婴幼儿触及。

（7）换尿布台应单独设置在独立区域，并配置垃圾桶，避免由排泄物引发各种传染性疾病。

（二）温馨如家的环境

托育机构要意识到，在最初的环境设计中，美观、温馨是重要的设计因素，整体的环境色彩要和谐统一，避免色彩的强刺激；同时，还要注意为婴幼儿营造家庭式的氛围。这些可通过环境的软装、婴幼儿家具和物件等来实现，目的是让婴幼儿感到舒适，喜欢在这样的环境中活动，帮助婴幼儿逐步形成归属感。具体措施有以下几个方面：

（1）墙面有颜色协调的软包。

（2）地面有不同材质的地垫、地毯。

（3）有婴幼儿沙发、软垫、靠垫以及不同造型的帐篷等。

（4）有固定位置的婴幼儿储物柜。

（三）主动探索的环境

婴幼儿对周围环境都充满了好奇心，他们会以各种方式探索感知环境的特点与变化。

针对不同发展阶段和发展水平的婴幼儿，托育机构可有目的性地创设能激发他们主动感知探索的环境，无论室内室外，都应满足他们各种活动的需要。对于婴幼儿来说，开放式的不受限制的环境非常重要，通常可通过设施设备、区域创设、材料提供实现。例如，创设各种区域，提供安全适宜、丰富多样且具有针对性的材料。

（四）自我服务的环境

自我服务能力是婴幼儿适应周围环境所必须具备的能力，也是他们适应在托育机构生活的基本保障。托育机构不仅要在课程实施中落实婴幼儿自我服务能力的培养，也要通过环境的创设让婴幼儿乐意自己动手做。具体措施有以下几个方面：

（1）有适宜婴幼儿使用的挂衣架和鞋柜、用品柜。

（2）有便于婴幼儿独立使用的盥洗室、卫生间，有适宜高度的洗手池、毛巾架、茶杯架（箱）等。

（3）创设生活区，提供多样化的、有利于发展婴幼儿自我服务、服务他人、照顾环境能力的材料。

（五）情绪愉悦的环境

如果说前面几点是显性的环境因素，那么这一点就是隐性的环境因素，也可以理解为心理环境的营造，这对婴幼儿来说极其重要。有许多事例证明，不利的托育环境会导致婴幼儿出现拒绝，甚至严重的心理问题。因此托育机构要重视与婴幼儿建立依恋、信任感，这也是众多婴幼儿家庭所关注的核心问题。具体措施有以下几个方面：

（1）班级环境中有婴幼儿和其家庭成员的照片。

（2）婴幼儿均有固定的座椅、用品柜。

（3）玩具及游戏材料丰富多样，其中单一品种玩具或游戏材料数量充足，可满足婴幼儿独立游戏和平行游戏的需要。

（4）教师具有良好的沟通交流能力，能和婴幼儿进行情感互动，及时发现他们的需求。

二、区域材料投放

众所周知，游戏是婴幼儿的基本活动和最好的学习方式，许多早期教育者都认为游戏为婴幼儿提供了探索了解世界、获得个体发展的机会。因此托育机构要重视游戏环境的创设。高品质的保育环境拥有丰富的区域和材料，可以帮助婴幼儿获得更好的游戏活动体验，而更好的游戏体验能成就更好的知识和经验。①

---

① 陈云．区角材料投放的有效策略［J］．上海教育科研，2013（6）．

（一）扮演区

扮演区是指以提高幼儿角色意识，促进其社会性发展为主要目标的游戏区域。适合托班幼儿的扮演区主要有娃娃家、超市、医院和小舞台，如表 7－1 所示。

表 7－1　扮演区材料投放参考

类别	成品材料	自制和半成品材料	角色扮演道具
娃娃家	仿真厨房、真实废旧厨具（炉灶、锅、铲）、小床或小摇床、仿真蔬菜和水果、仿真蛋糕或饼干、娃娃（布娃娃、环保塑料娃娃）、动物玩偶等，小碗、小勺、盘子、杯子、奶瓶等餐具，洗澡玩具（配套澡盆和水龙头）	蔬菜、水果、各类点心（包子、饺子、蛋糕、面包、饼干）等	围裙、帽子、护袖等
超市	仿真超市货架、仿真货品等	各类废旧纸盒，自制蔬菜、水果等，收集的废旧婴儿衣物等	自制超市营业员服装，或围裙、帽子等
医院	仿真医疗物品组合	废旧药瓶、自制的纸质小药片等	自制医生服装、帽子等
小舞台	仿真话筒、各类打击乐器（沙锤、小铃、木鱼、圆舞板等）、纸偶等	自制小鼓、饮料瓶沙锤等，小舞台表演架等	各类头饰、纱巾、纱裙等

（二）益智区

益智区是以开发婴幼儿智能、提高婴幼儿小肌肉发展和自我服务能力为目标的游戏区域，提供拼图、串珠、瓶盖等材料。

（三）阅读区

阅读区是以增强婴幼儿语言表述力和培养良好的阅读习惯为主要目标的区域。阅读区需要一个柔软、舒适的环境，一个便于婴幼儿自由拿取和摆放的书架，还有一些布书、纸板书等。基于婴幼儿的年龄特点，在阅读区可以增加一些布质的指偶、手偶等，既可以作为表演故事情节的道具，又可以成为婴幼儿语言表述的对象，以激发他们阅读的兴趣。

（四）艺术区

艺术区是以提高婴幼儿对美术活动的兴趣、增强他们的小肌肉发展水平、掌握基本的涂鸦能力为主要目标的区域，可配有各种材质的纸、油画棒、涂鸦板、颜料、油泥、模具、胶棒等。

（五）建构区

建构区的游戏主要用以体验建构的兴趣，提高婴幼儿的拼搭和建构能力，如平铺、垒高、围合等。可以提供大小不一、色彩鲜艳的积木，它们可以是木质的，也可以是纸质或泡沫的。建构区中需要提供一些建筑物的图片作为参照；同时也要提供一些辅助物，如人物模型、动物玩具、玩具车、花草树木模型等。

本章小结

本章主要介绍了托育机构环境创设的相关内容。首先了解了托育机构应该如何选址，相关的房屋建筑要求。其次从生活区、活动区两大类介绍了托育机构的室内环境设计，以期给托育机构从业者，特别是一线托育服务人员提供参考。最后对托育机构室内外的硬件设备要求、班级环境规划和区域材料投放做了介绍。

同步练习

一、选择题

1. 以下适合建立托育机构的环境是（　　）。

A. 菜市场　　B. 医院　　C. 小区内　　D. 车站

2. 室内电器设备安装需离地（　　）米以上，确保婴幼儿无法触及。

A. 1.6　　B. 1.8　　C. 2.0　　D. 2.5

3. 班级环境应该具备（　　）的特点。

A. 健康安全　　B. 温馨如家　　C. 主动探索　　D. 上述所有

4. 以增强婴幼儿语言表达能力和培养良好的阅读习惯为主要目标的区域是（　　）。

A. 扮演区　　B. 阅读区　　C. 益智区　　D. 建构区

二、判断题

1. 托育机构选址时要注意远离附近的污染源。（　　）

2. 经营托育机构的房屋性质应为普通住宅性质，从而给婴幼儿一个温馨舒适的家。（　　）

3. 寝室窗户应安装防护栏，以防婴幼儿攀爬跌落。（　　）

4. 换尿布台要放置在卫生间内，方便保育人员帮助婴幼儿及时更换尿布。（　　）

5. 生活用房，应能获得冬至日不小于 1 小时的日照标准。（　　）

三、简答题

1. 请简述托育机构的选址要求。

2. 请简述班级环境创设的要求。

3. 列举适宜扮演区投放的游戏材料。

四、思考题

请你以一名托育机构管理人员的身份，制定一份托育机构的创建方案。

第八章　托育机构管理

学习目标

知识目标

1. 了解托育机构中各组织部门的组织架构，明确部门管理内容。

2. 掌握托育机构岗位、任职资格和工作职责。

能力目标

1. 了解机构管理的重要部分，在实践中提升管理能力。

2. 熟悉文化和制度建设、人员管理、保育管理、安全管理的内容，并能指导实践工作。

素养目标

1. 通过学习本章，能从国家对托育机构的大政方针出发，思考管理的全局性问题，正确定位机构职能，为社会服务。

2. 通过学习托育机构管理，了解托育机构的管理规范。

案例导入

小张和小王

小张和小王是一个班上的两位老师，这个班有 20 个 3 岁左右的孩子。这两位老师都有丰富的经验，并且都有自己管理班级的风格与开展活动的理念。小张最近跟园长谈起她跟小王之间的不和。小张认为，从一个活动到另一个活动之间应该有过渡环节，但是小王组织的两个活动中间却没有留下足够的时间清理场地，因此教室通常是无序和混乱的。更过分的是，最近有一个想送孩子入托的家庭来参观，当时的教室正乱成一团，孩子们吵闹无序，这让小张很难堪。

当园长问及小王如何回应她的顾虑时，小张说："嗯，我没有与她提过。我很难正面跟她说出不满，我不想伤害她的感情。"园长则回答说："那请你跟她谈谈。你可以表现得温和一点并尊重她的感受，只有你才是跟她讨论这件事的合适人选。"小张很不高兴，她认为与小王谈话是园长的责任。

问题：

1. 你认为小张和小王两位老师之间存在的问题是什么？
2. 为了避免这两位老师之间产生更多的问题，机构管理者可以做什么？
3. 如果你是机构管理者，你面对这种情况下一步会采取什么行动？

第一节　文化与制度建设

一、文化建设和理念

（一）文化与理念的内涵

托育机构需要在国家教育方针、婴幼儿照护工作的指导方针、相关政策、法律和法规的指引下，确立明确、科学的办托理念，营造积极、向上的机构文化。机构的理念是一个机构的灵魂。机构的文化决定了一个机构的气质，能对机构组织和人员起到约束与规范的作用，对机构人员的教育理念、教育行为进行正确的引导，对其思想观念和行动产生潜移默化的影响。

（二）托育机构文化的构成及表现

托育机构文化建设分为物质文化、制度文化和精神文化三种类型。托育机构的物质文化指的是在托育机构的园所、教室、游戏区域、办公区域等处的环境创设与硬件配备，物质文化由于其外显性，最能直观体现托育机构的文化；制度文化是托育机构内部制度的构建、制度的执行与落实；精神文化则体现在教职员工的精神风貌、人际关系，以及教职员工与家长、儿童之间的关系等方面。三种文化形成内在的凝聚力，体现出托育机构一致的信念与价值观。营造良好的托育机构文化，有助于办托理念在托育机构中落实落细，也有助于托育机构在家长、公众心中形成良好的品牌形象。

（三）托育机构理念的构成及实现

办托理念统领着托育机构的管理、环境创设、人员培养、保育服务等，需要在托育机构管理的各个环节中得到落实和体现。理念具有引领性、前瞻性的特征。引领性是指托育机构管理者需要具备先进的教育观和儿童观，能根据本机构实际情况，提出先进科学的理念，包含正确的教育观、科学适宜的儿童发展目标等内容，能引领全体员工的奋斗目标和职业信仰。前瞻性是指托育机构管理者在了解托育发展的历史与现状的基础上，对托育行业发展的未来有明晰的判断，从而对本机构发展提出愿景和目标。

理念需要落实在托育机构的日常管理、环境创设、课程设置、团队建设等方方面面。例如一个托育机构提出了“生命教育”的教育理念，在环境创设中，就要体现出“生命”的内涵，在环境创设中仅仅通过摆放更多的绿植、布置更多的动植物区角，只是“生命教育”的一种形式，更需要挖掘生命教育与婴幼儿发展之间内在的联系，注重环境中“生命教育”的因素如何促进婴幼儿发展、如何与婴幼儿互动。除了环境创设以外，还要考虑生命教育如何渗透到幼儿一日生活中、如何在区域游戏中体现。

二、制度建设

（一）托育机构制度的内涵

“制”是节制、限制的意思，“度”有标准、尺度的意思，制度就是对人们行为的约束和管理。随着“以人为本”成为现代管理的重要理念，制度在发挥管理、约束功能的同时，更多发挥着支持与保障的作用。制度是托育机构管理的重要依据，是托育机构内部员工共同遵守的规章、规范和规定，科学完善的制度是托育机构内部各项工作顺利开展的保障。

（二）托育机构制度的构成

（1）行政管理制度：岗位职责、招生制度、人员聘用制度、考勤制度、各岗人员考核制度、接待参观制度、档案管理制度等。

（2）保育管理制度：师德考核制度、班级管理制度、教师培训制度、教研制度、奖惩制度、家园联系制度、教师行为规范、教师职业行为负面清单等。

（3）卫生保健制度：幼儿和员工健康检查制度、卫生消毒制度、传染病管理与预防制度、一日生活健康要求、常见疾病预防与处理制度、药品管理制度、意外伤害处理流程、膳食管理制度、体格锻炼制度、卫生保健信息收集规范等。

（4）后勤保障制度：伙食委员会管理制度、食堂安全管理制度、公共场所安全管理制度、安全保卫制度、安全设施使用管理制度、后勤资产管理制度、幼儿安全信息管理制度等。

（三）托育机构制度的建设

1. 制度的制定

制度的制定需要遵循政策性、民主性、可行性、稳定性的原则。

（1）政策性是指托育机构管理者在制定制度之前，必须先明确依法办托的基本原则，了解国家相关部门发布的托育政策、法律和法规以及机构所在地区的地方性要求，将国家政策作为托育机构制度制定的依据，全体员工要对这些政策和精神做到统一思想、心中有数。

（2）民主性是指托育机构管理者在制度制定的过程中，要充分吸纳教职员工的合理建议，采取自上而下和自下而上相结合的方式。自上而下，是指管理者在精心研究的基础上，制定出制度的草案，供不同层次人员进行讨论，请大家提前思考，提出修改意见和建议，收集意见后，再次进行完善，并形成凝聚全体共识的制度文件。自下而上，是指制度执行过程中要征求教职员工的意见，将制度执行的问题进行收集整理，形成修改意见。

（3）可行性是指制度的内容要契合本机构实际发展情况、师资水平、服务理念和目标。例如教师培训制度，需要解决本机构教师培训的实际问题，培训的频次、内容和考核都要根据本机构教师的特点。

（4）稳定性是指托育机构管理者对制度的修改不能过于频繁，在一定时间保持制度的稳定性，有助于员工通过长时间自觉遵守的行为，自然而然地形成良好的机构文化，从而促进托育机构健康、科学、可持续发展。

2. 制度的实施

制度的实施需要遵循以下几个步骤：一是制度的宣传讲解，使教职员工了解制度制定的背景与内容，自觉调整和规避自身不符合规章制度的行为，使制度广为人知，深入人心。二是加强督导，管理者在督导过程中能够发现问题，及时指导，也能对制度落实的效果有切身体会，有利于制度的完善和修订，可以采取阶段性自查、分小组互查等方式加强教职员工的自我监督，也可采取每月例行检查、制度检查与反馈常态化等方式将督查制度化。三是奖惩结合，如果制度执行过程中，缺乏严格的奖惩机制，或处罚失之于软，失之于宽，制度势必会流于形式。

3. 制度的完善

制度的完善是长期、开放的过程。管理者需要从实践中不断寻找好的做法，逐步完善到制度中。制度完善需要经过观察实施情况、发现问题、问题诊断、反馈调整等阶段。观察实施情况需要管理者在制度落实的关键环节进行观察；发现问题是指管理者要敏锐地发现制度落实中出现的问题，也可以通过与教职员工的访谈，从教职员工角度发现问题；问题诊断需要深刻专业的判断，这不是管理者一个人能完成的，有时候需要管理者和外部专家、行政班子、教职员工共同形成问题诊断小组，管理者用开放、包容的心态吸取各方建议，诊断问题所在，明确是制度制定的问题还是落实的问题或是落实过程中某些环节的问题；反馈调整是经过大家共同反思，寻找原因并明确问题后，将大家的改进意见加以落实，使制度细化、优化的过程。

第二节　人员管理

一、组织架构

组织架构是在特定的组织环境下，由组织机构充分利用组织资源，为实现其组织职能而形成的一个体现组织内部构成要素及其相互关系的组织框架。组织架构是托育机构正常运转的基础，包括隶属关系、岗位设置、职责分工三个要素。

（一）隶属关系

隶属关系是指托育机构与上级部门之间的从属关系，或与平级单位（连锁性、集团式的托育机构）之间的关系。现实形态中，按照经营主体不同，托育机构分为隶属于某一组织的托育机构（多为事业单位、公益组织下属的托育机构）、集团式的托育机构（大型企业）、经营连锁式的托育机构（市场经营类的托育机构，分为单店和多店两种形式）等形式。

（二）岗位设置

托育机构的岗位设置有其自身特点，按岗位性质来划分，设有管理岗位、专业技术岗位、工勤岗位；按岗位的稳定性来划分，分为专职岗位和兼职岗位。一般而言，管理岗位的工作人员，主要负责与保障机构顺畅运作相关的管理、协调工作，如机构负责人、业务主管等；而在专业技术岗位工作的人员，主要负责提供托育专业性的技术服务和支持，如保健医生、保育人员等；工勤岗位的人员主要负责保障支持性工作，如后勤人员、食堂师傅等。总体来说，托育机构的岗位设置必须包含托育机构运行的核心要素，如管理人员、保育队伍、卫生保健和后勤保障人员等。机构负责人对托育工作进行统筹规划和管理，保教主任负责幼儿保育工作、教师管理与培训；保育员负责对本班幼儿的保育、卫生、保健及配合教育教学等工作；保健医生负责幼儿卫生保健、保育人员管理与培训；后勤主任负责安全、财务、后勤保障；办公室主任负责机构日常接待、档案管理、信息化、人事招聘等工作。

（三）职责分工

托育机构要根据建设规模和实际情况，确定所需岗位的人数和人员条件，并根据岗位设置确定工作职责。应参照中华人民共和国国家卫生健康委员会印发的《托育机构设置标准（试行）》《托育机构管理规范（试行）》，以及2021年12月中华人民共和国人力资源和社会保障部发布的《保育师国家职业技能标准》。其中，《托育机构设置标准（试行）》第四章“人员规模”相关条款包括：

（1）第十八条：“托育机构应当根据场地条件，合理确定收托婴幼儿规模，并配置综合管理、保育照护、卫生保健、安全保卫等工作人员。托育机构负责人负责全面工作，应当具有大专以上学历、有从事儿童保育教育、卫生健康等相关管理工作3年以上的经历，且经托育机构负责人岗位培训合格。保育人员主要负责婴幼儿日常生活照料，安排游戏活动，促进婴幼儿身心健康，养成良好行为习惯。保育人员应当具有婴幼儿照护经验或相关专业背景，受过婴幼儿保育相关培训和心理健康知识培训。保健人员应当经过妇幼保健机构组织的卫生保健专业知识培训合格。保安人员应当取得公安机关颁发的《保安员证》，并由获得公安机关《保安服务许可证》的保安公司派驻。”

（2）第二十条：“合理配备保育人员，与婴幼儿的比例应当不低于以下标准：乳儿班1∶3，托小班1∶5，托大班1∶7。”

（3）第二十一条：“按照有关托儿所卫生保健规定配备保健人员、炊事人员。”

（4）第二十二条：“独立设置的托育机构应当至少有1名保安人员在岗。”

《保育师国家职业技能标准》中对保育师的职业定义是“在托育机构及其他保育场所中，从事婴幼儿生活照料、安全看护、营养喂养和早期发展工作的人员”。保育师共设五个等级，分别为五级/初级工、四级/中级工、三级/高级工、二级/技师、一级/高级技师。

根据国内托育机构实际情况，本着为家长及儿童提供更好服务的原则，建议在机构人员充足、发展良好的前提下设置以下岗位，如表8-1所示。

表8-1　托育机构岗位、任职资格及工作职责

岗位	任职资格	工作职责
托育机构负责人	托育机构负责人应当具有大专以上学历，有从事儿童保育教育、卫生健康等相关管理工作3年以上的经历，且经托育机构负责人岗位培训合格	全面负责机构内部管理工作，如把握机构发展总体方向和策略，负责机构内部全体工作人员的聘任和管理等

续表

岗位	任职资格	工作职责
保育主任	具有婴幼儿照护经验或相关专业背景，受过婴幼儿保育相关培训和心理健康知识培训	负责保育的全面工作，包括：托育班保育活动的设计与组织实施；托育班的安全和管理；托育教师管理及培训，托班班级家园共育等工作
保健主管	经过妇幼保健机构组织的卫生保健专业知识培训合格	负责卫生保健工作，包括：制订卫生保健计划、晨午检和全体幼儿的健康观察、常见传染疾病的预防、定期幼儿体格检查、伙食管理工作；全体教师的健康教育工作、保育员的培训与指导等工作
保健人员	经过妇幼保健机构组织的卫生保健专业知识培训合格	协助保健主管做好卫生保健的具体工作，包括每日健康巡查、伙食管理、保育员的指导工作
后勤主管	具备学前教育、医疗护理等相关专业中专以上学历	负责机构后勤工作，包括制订后勤工作计划，做好后勤保障、安全、物资配备和检修的总体工作
主班教师（保育师）	具备大学专科以上学历，具有婴幼儿照护经验或相关专业背景，具备良好的职业道德	在机构负责人和保育主任指导下，根据本班幼儿的发展现状和 0～3 岁儿童发展特点，制订本班学期保教工作计划，坚持保教并重，对班级安全、一日常规、教育教学、环境创设、家长工作、财产管理、环境卫生等工作负责，促进幼儿身心和谐发展
配班教师（保育师）	具备大学专科以上学历，具有婴幼儿照护经验或相关专业背景，具备良好的职业道德	在机构负责人和保育主任指导下，负责协助主班教师制订保教工作计划，坚持保教并重，对班级安全、一日常规、教育教学、环境创设、家长工作、财产管理、环境卫生等工作负责，促进幼儿身心和谐发展
保育员	具备中等职业或者普通高中及以上学历，具有婴幼儿照护经验或相关背景，具备良好职业道德	在保健医和主班教师指导下，负责托育班的日常保育工作，做好班级内玩教具与环境的卫生消毒、儿童一日生活护理等工作
财务人员	具备专科以上学历，有财会上岗证，熟悉财务法律法规和财会制度	在机构负责人指导下，按照国家法律和财务制度，负责机构财务工作，包括预算管理、费用收入、支出管理
保安人员	保安人员应当取得公安机关颁发的“保安员证”，并由获得公安机关“保安服务许可证”的保安公司派驻	在后勤主管指导下，负责机构人员、财务、门户等安全防护和保障工作
办公室人员	具备大学专科及以上学历，有中文、管理、文秘、教育学等相关背景	在机构负责人指导下，负责机构对外沟通联络、档案留存等工作
前台（工勤人员）	具备中等职业学院或普通高中及以上学历，形象气质良好，有亲和力，具有良好的职业道德	负责外来人员来访、家长接待等工作

注：所有托育工作人员应具有健康证，且在有效期内（每年至少健康检查一次，健康检查项目参考《托儿所幼儿园卫生保健工作规范》）；不带病上岗；无精神病史或精神病。所有托育工作人员应具有完全民事行为能力，有户籍所在地派出所出具的无犯罪记录证明。

二、队伍建设

托育机构队伍建设是机构组织建立人员队伍，通过管理使其结构优化、质量提高。托育队伍建设涵盖人员招聘、人员培训、职称评定、岗位聘任、岗位考核、专业能力、权益保障等内容。鉴于部分内容前文已有阐述，本处重点阐述关于职业道德建设、专业发展支持和个人权益保障的内容。其中职业道德建设是队伍建设的基础，专业发展支持是队伍建设的核心，个人权益保障是队伍建设的保障。

（一）职业道德建设

2019 年 4 月，《国务院办公厅关于促进 3 岁以下婴幼儿照护服务发展的指导意见》（以下简称《指导意见》）指出，要“依法逐步实行工作人员职业资格准入制度”“建设一支品德高尚、富有爱心、敬业奉献、素质优良的婴幼儿照护服务队伍”。2021 年 12 月，人力资源和社会保障部发布《保育师国家职业技能标准》，将保育师职业技能的基本要求划分为职业道德、基础知识、工作要求等几部分。张明珠等在《托育机构保育人员资格准入的国际经验与启示》一文中对比了新加坡、日本等五国的保育人员资格准入标准，认为“专业条件、职业道德、专业知识、专业能力”是当前国际社会共同关注的四大维度。由此可见，职业道德是托育机构队伍建设的根本。

职业道德是指了解职业道德的基本知识，并遵守职业守则。职业知识是指对职业的理解与认识，包括三点：贯彻党和国家教育方针政策，遵守教育法律法规和托育行业法律法规；理解托育机构工作的意义，认同托育行业从业者的专业性和独特性，注重自身专业发展；具有良好的职业道德修养，为人师表，热爱托育事业。职业道德包括三点：个人道德素养和行为；对婴幼儿的基本态度和行为；对婴幼儿保育、卫生保健、安全、后勤保障等工作的态度和行为。

《保育师国家职业技能标准》中将保育师的职业守则的内容分为四个方面：品德高尚，富有爱心；敬业奉献，素质优良；尊重差异，积极回应；安全健康，科学规范。托育机构除保育师以外，还包括财务、安全保障、保健医生等多种岗位，总体来说都应遵循以上守则。托育机构内部岗位设置虽不同，但是在职业道德方面必须遵守“师德为先”的原则，托育机构在招聘人员时候，就要将具备良好的师德师风纳入用人的首要标准。在日常工作中，应通过文化建设、制度建设来规范、管理和引导从业人员，避免托育人员出现暴力、虐待、损害婴幼儿身心健康的语言和行为。要通过阶段性的培训与考核，了解从业人员的职业道德现状与师德师风，实行“师德师风一票否决制”，对于严重违反职业道德和师德师风的人员，无论其专业水平多高，都需要谨慎聘用。

（二）专业发展支持

员工专业发展是队伍建设的核心要素，托育机构需要支持所有员工的专业学习和自我发展，鼓励员工通过各种途径实现专业成长。专业发展支持包括以下几个方面：

1. 按照员工专业成长规划，实施个性化培养计划

托育机构管理者要有针对全体员工的专业成长规划，按照岗位将员工进行分类，按照个人能力与特质将员工进行分层。在此基础上，根据员工职业特点和个人专业能力，实施个性化培养计划。例如针对托育班级教师，可以逐渐形成“骨干教师—熟练教师—年轻教师”的教师梯队；保育员则可以形成“高级保育员—中级保育员—初级保育员—实习保育员”的梯队，根据其水平，实施分层培养计划。积极倡导团队合作，通过以老带新、一对一帮扶等形式，相互切磋、取长补短，充分发挥骨干员工的带领作用。

2. 通过制度与多样化的活动，保障专业发展常态化

根据岗位特点，制定学习制度、培训制度、教研制度，使专业发展常态化。由此设置多种形式的学习、培训与教研活动。例如针对食堂师傅，可以开展“厨艺大比拼”活动；保健医生可以组织保育员开展“保育员技能培训和技能比赛”；开展不同领域的教师教研活动等，探讨工作中遇到的问题，通过小组讨论、观点辩论等多种形式使教职员工成为培训的主要参与者和推动者。

3. 建设学习型托育机构，为专业发展提供更多助力

要将建设学习型托育机构作为机构文化建设的目标之一，营造专业发展的良好氛围。例如定期邀请专家开展专题讲座，提供丰富的学习资源（如专业类的报刊书籍）、线上资源等支持员工专业发展学习，为员工提供更多外出参观的机会，定期组织读书分享会等。

（三）个人权益保障

员工个人权益的保障，能有效促进员工积极性，增强机构凝聚力，有助于托育队伍稳定和良性运转。个人权益包括劳动合同法所规定的权益以及机构内部给予员工的权益两种。

1. 劳动合同法规定的员工权益

第一，托育机构要依法与员工签订劳动合同，按照劳动合同法合法保护员工权益。例如按时签订劳动合同，对签订合同的期限、试用期期限、试用期工资、双方权责利进行明确界定。

第二，要保障员工的工资按时足月发放，根据每月考勤，按时、足月、合理发放员工工资，不拖欠员工工资，对于工资扣减部分要有合理解释。

第三，对于已经签订劳动合同的员工，托育机构需要依法为适龄员工缴纳社会保险。

2. 机构内部给予员工的权益

除依法给予员工的基本权益外，托育机构还可以酌情给予员工休假、节假日福利、工会福利等权益，这些都是增强托育机构凝聚力的重要形式，也能使员工感受到来自集体的温暖和归属感。

第三节　保育管理

保育工作是托育机构工作的核心内容，保育管理是保证保育工作质量的关键环节，目的在于把握托育机构整体保育工作的进度、开展情况和效果，及时发现问题与解决问题，保证保育工作和谐有序地开展，促进幼儿健康快乐发展，促进保育人员专业水平提高。

保育管理包括计划管理、观察与指导、教研管理等方面。

一、计划管理

计划管理是指保育管理者对保育工作计划的制订、实施和调整，也包括对托育机构全体班级工作计划、周计划和日计划的指导、监督和反馈。托育机构负责人制订的托育机构全年工作计划是一切计划的基础，在此基础上，保育管理者针对托育机构内部儿童发展现状、教师发展现状，在分析其成因的基础上制订保育工作计划。在保育工作计划基础上，各托育班级制订班级计划，班级计划要与保育工作总体计划一致。保育工作总体计划还应该包含教师培养计划和教研计划。

计划的实施离不开保育管理者和全体保育人员的努力，保育管理者要将全园计划落实，需要通过日常观察，发现在计划实施过程中幼儿行为习惯、个人发展存在的问题，了解师幼互动、环境创设、活动组织、生活护理、家园沟通等方面的优势与不足，在此基础上完善和修订计划，为下一年计划制订提出针对性、可行性强的策略。保育管理者还要观察班级计划、周计划和日计划的实施情况，及时与保育人员沟通、讨论，深入了解保育实践的全过程，发现计划实施中的问题，帮助保育人员反思自己的保育实践行为和计划的一致性，确保保育过程有目标、有计划、有反思、有调整。

二、观察与指导

进入一线观察与指导，是保育管理者及时把握保育工作实况、发现与解决问题、提升整体保育工作质量的重要环节。

根据国家卫生健康委印发的《托育机构设置标准（试行）》和《托育机构管理规范（试行）》的相关内容，“托育机构应当科学合理安排婴幼儿的生活，做好饮食、饮水、喂奶、如厕、盥洗、清洁、睡眠、穿脱衣服、游戏活动等服务”，即做好婴幼儿的生活照料工作。“托育机构应当以游戏为主要活动形式，促进婴幼儿在身体发育、动作、语言、认知、情感与社会性等方面的全面发展”，即做好婴幼儿的发展支持工作。

（一）婴幼儿发展状况

保育管理者通过对班级中婴幼儿的观察，了解婴幼儿是否养成了良好的生活卫生习惯，是否具备一定的如厕、洗手、自己穿脱衣服等自理能力；婴幼儿在托育机构是否情绪稳定、愉快，愿意游戏，愿意参加集体活动；婴幼儿能否主动探索、愿意动手尝试；婴幼儿在语言、情感、认知、运动等方面是否达到本年龄段的发展水平等。

（二）保育人员与婴幼儿的互动

3 岁之前是婴幼儿与他人建立依恋关系的关键期，也是动作、语言、认知和社会性快速发展的时期，他们更需要保育人员给予面对面的、遵循个体差异的照护。优质的照顾和互动，有助于促进婴幼儿心理健康发展。

1. 保育人员对婴幼儿情感支持的情况

保育管理者要观察保育人员能否关注到婴幼儿的情感需求，及时回应他们发出的信号，用温暖的语言、表情和动作及时回应婴幼儿；能否在班级中创造温馨有爱的氛围，鼓励婴幼儿表达情感。在婴幼儿尚不具备良好的情绪表达和控制能力的时候，保育人员能否及时给予支持，帮助婴幼儿疏导不良情绪。

2. 保育人员对婴幼儿生活照料的情况

保育管理者要与保健医生共同观察保育人员在婴幼儿进餐、睡眠、洗手、如厕等生活环节对婴幼儿的照料情况。

（1）进餐环节中关注以下几点：

1）是否营造温馨、愉快的进餐氛围，是否存在催促婴幼儿进餐的情况。

2）是否鼓励婴幼儿自主进餐，对不同年龄段的婴幼儿，保育人员是否有针对性的措施，鼓励他们自主进餐，或者在保育人员帮助下，尽可能去尝试自主进餐。

3）是否帮助他们形成良好的进餐习惯，如不挑食、不偏食。

（2）睡眠中关注以下几点：

1）是否营造有利于良好睡眠的环境，如光线适中、温度适宜、环境安静、卧具定期清洗、保持干净卫生。

2）是否关注到个别婴幼儿的需求，如针对入睡困难、怕冷、怕热等婴幼儿是否采取有针对性的护理措施。

3）是否及时关注到婴幼儿的睡姿、呼吸、脸色等，避免意外事故的发生。

（3）卫生习惯方面关注以下几点：

1）是否用规范的方法去盥洗、如厕，如遵循“七步洗手法”洗手、如厕前后锻炼自主穿脱衣裤等。

2）是否将习惯培养渗透在生活环节和教育环节中，如用游戏化的活动、婴幼儿反复操作等方法逐步养成婴幼儿良好的习惯。

3. 保育人员对婴幼儿发展支持的情况

《托育机构设置标准（试行）》和《托育机构管理规范（试行）》提道，“托育机构应当以游戏为主要活动形式，促进婴幼儿在身体发育、动作、语言、认知、情感与社会性等方面的全面发展”，即做好婴幼儿的发展支持工作。保育管理者要关注以下几点：

（1）保育人员是否创设了促进婴幼儿发展的环境。班级内游戏区域的设置是否合理，是否符合低幼儿童的特点；区域内投放的玩具和材料是否齐全（促进婴幼儿精细动作、语言、认知、情感与社会性、大运动发展的玩具），玩具和材料是否有开放性和层次性。

（2）保育人员是否在与婴幼儿的互动中有回应性的互动，是否及时捕捉婴幼儿的信号，给予支持；保育人员是否能根据婴幼儿语言、认知、情感、身体等发展现状，给予丰富的语言与情感支持，并投放多层次的、满足不同发展水平婴幼儿需求的玩具和材料；保育人员是否给予婴幼儿充分的鼓励和引导，发挥婴幼儿自主性，满足其探索的需求等。

（3）保育人员是否根据婴幼儿不同发展水平和个性特点，组织多领域的集体活动和分散活动，促进其在语言、认知、情感与社会性、大运动、精细动作等方面的发展。

（三）一日生活流程

一日生活包括入托、盥洗、区域游戏、集体活动、户外游戏、进餐、如厕、睡眠、起床、离园等各个环节。保育管理者观察一日生活时，可以从以下几个方面着手：

（1）要了解活动设置和组织方式是否符合婴幼儿身心发展特点，例如，3岁以前婴幼儿身体发展还不成熟，注意力集中时间短。集体活动时间不宜长，户外活动要量力而行、动静交替。要有针对不同特点婴幼儿的小组活动、分散活动等。

（2）要观察婴幼儿在一日生活的各个环节中的情绪、游戏状态和行为表现，例如区域游戏中婴幼儿是否自主选择区域、玩具和玩法，是否专注、是否愿意探索等。

（3）要在每个环节观察保育人员的角色。保育人员在不同的环节中角色不同，例如在生活环节他们是照料者和支持者，是否在照顾婴幼儿的同时也支持婴幼儿自我照顾；在活动环节他们是引导者、陪伴者和支持者。

（4）要观察师幼互动，观察保育人员与婴幼儿之间的互动模式，例如保育人员的提问是否开放，是否用问题激发婴幼儿思考；保育人员是否根据婴幼儿行为及时调整保育策略，是否赏识婴幼儿的主动行为，用正面引导的方式引导婴幼儿。

三、教研管理

教研管理是托育机构保育工作质量的关键环节，保育管理者通过教研管理，破解实践中的真问题，提升保育质量，提升教师反思、实践和教研能力。

（一）聚焦“真问题”制订教研计划

“真问题”是保育管理者与保育人员在观察和实践中发现的、来源于婴幼儿发展的真实需求的问题，管理者在发现问题、收集问题的基础上，与保育人员共同讨论和分析问题，聚焦真问题，制订每学期教研计划。教研计划包含教研目的、教研具体频次、时间安排和每次的教研主题、目标、负责人。

（二）开展教研活动，重视互动与引领

在开展教研活动中，保育管理者要重点关注教研具体负责人的教研引领能力和参与者的参与情况。保育管理者要对教研负责人开展定期培训，确保教研负责人有清晰的教研目标和丰富的教研方法。保育管理者要定期参加教研，进行指导，确保教研负责人能引领全体参与者积极参与，杜绝强势引导和一言堂的现象，充分激发参与者的主动性，引领教研不断深入。

（三）分析效果，后续调整

教研的理想效果是“真问题”得到解决，扫清婴幼儿发展中遇到的阻碍，促进保育人员能力的提升。每次教研结束后要分析教研的效果，及时反思和调整。教研过程中如果发现问题，保育管理者需要根据教研效果及时调整策略，保证教研的有效性。保育管理者还要进行阶段评估，确保教研的实效性、系统性。

第三节　安全管理

安全是托育机构的第一生命线，托育机构服务的婴幼儿是最需要保护的群体，员工也多以女性为主，托育机构工作涉及婴幼儿一日生活的诸多细节，一旦发生安全事故，可能对婴幼儿和员工造成伤害，带来负面影响。因此，安全管理是托育机构生存和发展的底线，也是托育机构管理者工作的重中之重。

一、责任与机制

（一）建立托育机构内部安全组织网络

托育机构负责人牵头建立安全管理组织网络，托育机构负责人或法定代表人是安全责任第一人。后勤主管负责安全管理具体工作，其他业务主管负责本业务范围内的安全工作，各保育班级班长负责班级内安全工作。成立各类安全工作小组或专班，层层落实安全责任。托育机构负责人和每位员工签订安全责任书，明确每个人的安全责任。

（二）加强安全制度建设

安全制度以预防为主，包括安全防护、安全检查、食品安全三类。安全防护包括家长接送制度、室内外安全制度、外来人员来访制度等内容；安全检查包括设施设备安全检查制度、区域与玩教具安全检查制度、消防设施检查制度等内容；食品安全包括食品采样制度、食品保存制度、食品留样制度等内容。

（三）建设安全防控体系

托育机构可以通过人防、技防和物防的方法建设防控体系。人防就是每天的每个时段都安排安全和值班人员在托育机构内部的各个区域，例如门口有门卫、教室内有保育人员，在入园和离园这些关键环节都有行政值班人员维护秩序。技防是指托育机构的各岗人员通过机构组织的安全培训，具备安全防范的知识、技能与方法，具有应对紧急情况的应变能力与措施。机构定期面向各岗人员开展不同类别的培训是实现技防的重要基础。物防是指消防设施、警用设施、监控设施完备，消防设施包括消防栓、灭火毯、灭火器、防毒面具等；警用设施包括防暴叉、喷雾类器具、防刺背心、防割手套等；监控设施要求托育机构内部各教室、婴幼儿盥洗室、配餐室、睡眠室、游戏区域、公共会议室、食堂、户外场地实现全覆盖，并具备夜视和录音功能。

二、安全教育与培训

（一）安全培训和会议

学习和领会托育机构安全法律法规，根据托育机构相关法律法规和安全条例，托育机构负责人参加由当地教育机构、安全主管部门组织的安全管理培训工作，熟悉各类安全法律法规要求，确保各项安全管理工作落实到位。托育机构负责人和主管安全的后勤主管，每周都要组织召开安全专项会议，就托育机构出现的安全隐患和问题进行解决。

（二）安全教育

托育机构负责人要组织教师开展面向婴幼儿、教师、保育人员和家长的安全教育。根据婴幼儿年龄特点和实际情况，开展游戏化、情景化的安全教育，例如关于安全标识的认识、自身隐私安全等，用情景剧、儿歌、绘本等形式向婴幼儿传达保护自身安全的方法。定期组织安全教育讲座，邀请医生、消防员或专家向教职员工开展安全教育。通过家长会或者家长工作坊等形式，向家长讲解安全注意事项，请其主动配合教师做好婴幼儿在园的安全工作，必要时可以用案例解读方式开展家长安全教育。

三、安全隐患与应急措施

（一）定期检查场地、设施设备

专人负责场地和设施设备的安全，每学期开学前，要对托育机构内部的所有游戏、生活、睡眠等区域和设施设备、玩教具进行检查和检修，确保安全后投放使用。每周进行安全大检查时，对室内外游戏设施进行检查，严格排查用电、水质等是否存在安全隐患情况。

（二）定期检查监控、消防和防暴等设施

查看监控保存情况，检查消防通道、消防门是否畅通，查看消防器材和防暴设施是否有效可用。各类检查、记录、维修和资料管理需要专人负责，相关资料要定期保留，以便备查。

（三）定期检查配餐间、食堂用具和食品情况

遵守食品安全法和托育机构食品安全相关规定，定期检查配餐间、食堂的用电与水质情况，检查食堂各类设施与炊具卫生安全情况，检查食品保存与留样情况，对食品来源记录清楚，各类食品存放按照规范执行。

（四）制定应急预案

制定各类应急预案，包括预防自然灾害（如洪水、台风、暴雨、地震等）应急预案、预防传染病应急预案、防暴力应急预案、消防应急预案、大型活动（六一儿童节、运动会、毕业典礼等）安全预案等。加强应急预案实效的关键环节在于培训和演练，不能将预案搁置，使其成为摆设。

本章小结

本章主要从文化与制度建设、人员管理、保育管理、安全管理四方面论述了托育机构管理的内容、方法和策略。托育机构要在国家对托育机构的大政方针指导下，确立明晰的办托理念，营造积极向上的机构文化，构建以人为本、科学完善的制度体系；在此基础上，形成组织架构，明确人员分工和岗位职责；保育工作是托育机构工作的核心内容，保育管理是保证保育工作质量的关键环节，保育管理者可以通过计划管理、观察与指导、教研管理实现保教工作质量的提升；安全管理是保障托育机构发展的生命线，保育管理者需要明晰安全责任，建设网络化的安全机制，并定期开展安全教育与培训，定期排查安全隐患，制定各种情况下的安全预案。

同步练习

一、选择题（多选）

1. 托育机构文化建设可以分为（　　）。

A. 物质文化　　B. 制度文化

C. 精神文化　　D. 区域文化

2. 以下属于托育机构管理制度的是（　　）。

A. 行政管理制度　　B. 保育管理制度

C. 卫生保健制度　　D. 后勤保障制度

3. 托育机构员工的职业道德包含（　　）。

A. 个人道德素养和行为

B. 对婴幼儿的基本态度和行为

C. 对婴幼儿保育、卫生保健、安全、后勤保障等工作的态度和行为

D. 社会公德

4. 以下符合《保育师国家职业技能标准》中保育师职业守则的内容是（　　）。

A. 品德高尚，富有爱心　　B. 敬业奉献，素质优良

C. 尊重差异，积极回应　　D. 安全健康，科学规范

5. 以下属于安全制度的是（　　）。

A. 食品安全制度　　B. 安全防护制度

C. 安全预防制度　　D. 安全检查制度

二、判断题

1. 劳动合同法规定的员工权益，是托育机构员工享有的唯一权益。（　　）

2. 开展教研工作，是保育管理者及时把握保育工作实况，发现与解决问题，提升整体保育工作质量的重要环节。（　　）

3. 安全防护体系中的“物防”是指提供充足的安全物资保障。（　　）

4. 安全教育与培训是指上级托育管理部门，针对托育机构管理人员实施的教育与培训。（　　）

5. 托育机构办托理念体现在管理、课程、人员培养等各个环节。（　　）

三、简答题

1. 简述托育机构理念的构成及其体现。

2. 简述托育机构制度实施的步骤。

3. 简述保育管理中教研管理的要点。

四、思考题

请尝试为一个新成立的托育机构写一个人才培养规划。

第九章　家社园共育

学习目标

知识目标

1. 了解托育园家长工作的内容和形式。
2. 领会社区在婴幼儿教育中具有的重要作用。
3. 理解托育园、家庭与社区合作的重要性。

能力目标

1. 掌握托育园家庭教育指导的基本内容和方法。
2. 掌握有效开发利用社区教育资源的策略。
3. 掌握家社园合作共育的方式和途径。

素养目标

1. 通过对家庭教育知识的理解，提升家庭对婴幼儿发展的重视。
2. 通过对家社园共育的重视，引导全社会注重家庭和社区教育，提升家庭育儿功能，提升社区对婴幼儿发展的重视，促进婴幼儿健康发展。

案例导入

叛逆的豆豆

又到了周六上午，妈妈带着豆豆来到社区活动中心的早教教室，参加每周一次的社区早教活动。几位熟悉的小伙伴早已经到了，在教室里精心布置的各个区域中游戏玩耍，有的在玩串珠，有的在搭建积木。佳佳的爸爸陪着佳佳坐在角落朗读绘本，旁边围着其他几个小朋友一同倾听。趁着豆豆自己在玩，豆豆妈妈把社区的汪老师拉到旁边进行咨询，妈妈说豆豆最近性情大变，特别喜欢跟别人“作对”，家里人有点摸不着头脑。汪老师笑着宽慰妈妈：两岁的豆豆正好处于人生第一个“叛逆期”，这是每个孩子都会经历的，豆豆出现这些行为举止是正常现象。接着，汪老师传授了应对“叛逆期”的一些小妙招，豆豆妈妈恍然大悟。到了10点钟，汪老师来到教室中央放起了音乐，豆豆和小伙伴们自觉地把手中在玩的玩具和材料“送回家”，自己搬起了小凳子和妈妈们一起围坐到老师面前，开始了今天的亲子早教活动。活动开始后，教室里不时传出了豆豆和妈妈的欢笑声。

问题：你如何看待上述现象？豆豆妈妈的做法是否合理？请给出理由。

第一节　家庭科学养育指导

党的十八大以来，习近平总书记就家庭教育做出一系列重要指示。家庭作为最基本的社会单位，承担着教育子女的重任。婴幼儿时期的家庭教育是人一生最初也是最为关键的教育，它不仅影响着婴幼儿身心发展的速度，同时也奠定婴幼儿未来发展的方向。家庭中承担教养责任的父母或长辈应通过不同的方式对婴幼儿进行家庭教育。《托育机构保育指导大纲（试行）》提出，“托育机构应当与家庭、社区密切合作，充分整合各方资源支持托育机构保育工作，向家庭、社区宣传科学的育儿理念和方法，提供照护服务和指导服务，帮助家庭增强科学育儿能力”。从儿童生态学和社会嵌入理论中可以发现，家庭是支持一个人成长的重要的、直接的微系统，社区是支持婴幼儿发展和家庭和谐发展的微系统，托育机构作为面向婴幼儿及其家庭服务的专业机构，是支持婴幼儿发展的另一个重要微系统，三者共同作用。因此，家庭教育、社会教育与托育机构教育应当紧密结合，共同为整个社会培养和输送人才。

一、家庭教育的定义

家庭是婴幼儿生命的摇篮，是人出生后接受教育的第一个场所，是人生的第一课堂。从孩子呱呱落地的那天起，父母就成为他们的第一任教师，肩负起对孩子教育的重任。父母的生活习惯、工作作风、兴趣、爱好等个性特征，都将对孩子产生极其深刻的影响，有的甚至成为孩子终生效仿的榜样。尤其是父母的人生观、是非观、道德行为和道德标准、处世方法和处世原则，易被孩子认可和接受，是很难改变的。因此，家庭教育往往能够影响子女一生的成长。

广义的家庭教育是指家庭中的各成员之间相互作用、相互影响的活动。狭义的家庭教育是指家庭中的父母对其子女及其他年幼者实施的教育和影响。为了便于理解和运用，本书结合当前中国家庭教育的实际情况，将家庭教育定义为父母或家庭里的年长者自发、有意识地对婴幼儿的生活、学习进行影响的活动。

二、家庭的回应性照护

（一）回应性照护的定义

回应性照护是指在养育过程中，照护者积极主动回应婴幼儿的心理和生理需求，敏锐、细心、耐心地时刻理解并回应婴幼儿的哭闹、语言、表情和动作，做到密切观察婴幼儿的动作、声音等线索，通过肌肤接触、眼神、微笑、语言等形式对婴幼儿的需求做出及时且恰当的回应。回应性照护是一种积极的育儿方式，是促进儿童早期发展的重要措施，是保护儿童免受伤害、识别和抵抗疾病、帮助儿童学习、建立信任和良好社会关系的基础。

高水平的回应性照护有助于促进婴幼儿认知能力和社会情感的发展。父母作为养育者应当认真观察、正确理解并及时合理地回应婴幼儿发出的信号，例如在喂养婴幼儿时应主动采取回应性喂养的方式，在喂养过程中注重与婴幼儿互动，关注婴幼儿进食过程中反馈的信息，并能够正确解读、理解和及时反馈。

（二）回应性照护的内容

1. 健康

众所周知，身体健康是个体生长发展的基础与前提，对于还处于生命初期的婴幼儿来说，拥有健康的身体才能适应并生存于自然的环境中。婴幼儿家庭健康方面的照护主要是：给予婴幼儿合理的膳食喂养，保证充足的营养摄入；对婴幼儿的日常生活给予细心照料，并预防常见疾病；有目的地培养婴幼儿的安全意识；对婴幼儿进行适当的身体训练，促进婴幼儿四肢与躯干运动能力的发展，有效提升婴幼儿运动的协调性和灵活性，促进粗大动作和精细动作的协调发展。

因此，婴幼儿的家长首先应当在各个生活环节中创造丰富的身体活动环境，确保活动环境和材料安全、卫生。其次，充分利用日光、空气和水等自然条件，进行身体锻炼，以保证婴幼儿有充足的户外活动时间；安排类型丰富的活动和游戏，以保证婴幼儿每日有适宜强度、频次的大运动活动；做好运动中的观察及照护，避免发生伤害。最后，关注患病婴幼儿、处于急慢性疾病恢复期的婴幼儿，及时调整其活动强度和时间；发现运动发育迟缓的婴幼儿，给予针对性指导，及时转介。

2. 生活技能

婴幼儿处于生长发育与智力发展的关键时期，由于生理特点和心理特点的限制，其生活自理能力差且心理发展较不成熟。因此，只有通过科学的培养，婴幼儿才能茁壮健康地成长。人作为一个独立的个体生存的首要条件是掌握必要的生活技能。婴幼儿通过家庭学习一些简单的生活技能，有利于婴幼儿形成自立、自强、自信等良好品质，从而促进其积极主动的发展。同时，培养婴幼儿的自我服务意识和自理能力，也是对婴幼儿人格的充分尊重。家庭为婴幼儿学习生活技能提供了环境与条件，是将技能付诸实践、提高其熟练程度的最佳场所。

家庭是培养婴幼儿良好的进餐、睡眠、排泄等生活技能的重要场所。家庭生活教育的重要内容是通过长期、反复的实践活动，教育和帮助婴幼儿养成一定的生活习惯、卫生习惯和品德行为习惯，婴幼儿最初的生活技能和行为规范都是在家庭中学习的。以培养良好的进食习惯为例，父母应鼓励7～12个月婴儿尝试自己进食，培养进餐兴趣；鼓励和协助13～24个月幼儿独立进食；引导25～36个月幼儿认识和喜爱食物，培养幼儿专注进食习惯、选择多种食物的能力。借助“教养结合、自然渗透”，通过养育过程对婴幼儿进行自然教育和影响，是家庭教育独具的优势与能力。家庭在婴幼儿生活技能培养方面所起的作用是其他社会机构无法替代的。

因此，在婴幼儿早期，要为其提供日常生活中与他人不断的交流互动过程，让其不断经历和体验，获得丰富的早期学习机会，开发其潜能，引导并促进其发展。在保证安全的前提下，根据婴幼儿发育水平，在早期帮其培养良好的生活自理能力和行为习惯：3～6月龄，培养规律进食和良好睡眠习惯（按时睡、不奶睡、不抱睡、自主入睡）；7～9月龄，学习咀嚼、吞咽技能；10～12月龄，练习用手抓食、用杯喝奶；18月龄左右，锻炼用勺进食、示意大小便、学习脱鞋；24月龄以上，鼓励幼儿帮助完成简单集体活动，如帮忙拿东西、扫地、收拾玩具等。根据婴幼儿发育进程，开展各种适合的游戏、唱歌、阅读等活动。父母力所能及地为婴幼儿提供游戏、阅读、活动的场地和空间，使婴幼儿能普遍获得优质的照护服务及活动、学习资源，促进认知和想象力发展、语言和运动发育、社交互动及解决问题能力等各方面的发展。

趣味家庭游戏——颠小球

★游戏目标：

1. 提升幼儿手眼协调能力。

2. 提升幼儿粗大动作能力。

3. 增进亲子关系和默契。

★游戏材料：1个气球、1个冰棒棍、1个纸盘、较为空旷的空间。

★游戏步骤：游戏之前，请爸爸妈妈将冰棒棍固定在纸盘后面做成一个球拍。示范给幼儿看如何玩颠球游戏。将气球抛向空中，幼儿需要仔细关注球的位置和落下的高度，在球落下时迅速把手中的球拍迎上去，向上用力击球，将气球再颠上空中，反复多次，注意气球不可落地。

★小提示：

1. 如果幼儿不知道在何时向上击球，家长可以带着幼儿的手一起去击球，在球要落下来时，预先提醒幼儿："球要落下来咯，准备好要接住哦，三，二，一！"可以先让幼儿练习用球拍去稳稳接住气球，能够较为准确地接住气球之后，再来尝试不仅接住气球，还能往上击球，把球颠回到空中。

2. 气球不需要吹太大，否则不方便幼儿接住。游戏过程中摆弄气球时要小心，以防气球意外爆破。

3. 一开始玩游戏时，一些幼儿可能更喜欢张开小手去接住气球，不太习惯于使用球拍。请家长不要过多干涉，否则幼儿可能会对这个游戏失去兴趣。不妨让幼儿尽情地玩，然后逐步引导幼儿尝试用球拍去玩接气球的游戏。

3. 认知

婴幼儿家庭认知教育的任务在于激发婴幼儿的认知兴趣，发展其观察、注意、记忆、想象、思维等认知能力，提高婴幼儿认知水平，扩展认知经验。因此，针对婴幼儿认知教育，《托育机构保育指导大纲（试行）》提出以下建议：首先，家长应当尊重婴幼儿的好奇心，由于其年龄特点，婴幼儿好奇心很强，遇到任何事情都会问为什么，父母应当与婴幼儿一起寻找问题的答案，而不是敷衍了事或不耐烦；其次，父母应创设满足婴幼儿探究的环境，为婴幼儿提供能够充分开发智力的玩教具，培养婴幼儿的学习兴趣、求知欲望，并促进其语言的发展。

4. 语言

0～3岁是婴幼儿语言发展至关重要的阶段，婴幼儿的语言发展需要经历"听—发音—模仿练习—理解语言—运用语言"的过程，按照"前语言阶段（0～9个月）—语言理解阶段（10～12个月）—口语表达阶段（1岁以后）"的顺序发展。在某一阶段，婴幼儿会发出"咕咕噗噗"声，这是婴幼儿正常的无意识的发音，婴幼儿可能在探索自己的发音器官。有时婴幼儿无聊时，或者想跟成人交流时，会发出这样的声音自我安抚，或者引起成人关注。家长应在了解婴幼儿语言发展的客观规律的基础上，为婴幼儿创设丰富的语言环境，提供正确的语言示范，保持与婴幼儿的交流与沟通，引导其倾听、理解和模仿语言。

婴幼儿尚未建立真正的口语能力，但是父母的语言输入却能为其将来的口语期奠定重要基础。父母通过在不同场景中示范语言，帮助婴幼儿将语言符号与不同的人、事、物建立关联，促进认知，这是语言表达的基础。8 个月开始婴儿会逐渐理解“不”的含义、家庭成员称谓以及生活中一些常见物，但这需要家长在前期的反复输入。一般 10 月龄的婴儿会开始有意识地喊“爸爸”和“妈妈”，婴儿在 6 月龄左右会发出“baba、mama”的发音，但其实是无意识的。此外，婴幼儿从理解到表达词汇，往往需要 4～6 个月的周期，父母要耐心，结合不同社交场景让婴幼儿将“baba、mama”发音同人物联系起来，而不要让婴幼儿机械地“鹦鹉学舌”。

小妙招：如何激发幼儿阅读的兴趣？

幼儿不喜欢读书的原因主要有：(1) 没有良好的阅读氛围和环境，干扰多。例如幼儿房间里的阅读区放置很多颜色鲜艳、有趣的玩具，幼儿的注意力被玩具吸引，自然不愿意看书。(2) 选取的绘本不适宜该年龄段幼儿或绘本过于枯燥、过难、过于简单、文字过多或者图画不够生动。

亲子共读中，家长需要声情并茂，结合绘本内容做出夸张的表情、口型、动作，从而吸引幼儿注意。同时，也要增强阅读中的互动感，鼓励幼儿参与到阅读中，例如：读幼儿要求读的内容或在恰当的时机提问孩子，如“小鸟藏在哪里了？”鼓励幼儿用言语、声音、动作等表达自己。

5. 社会交往

陈鹤琴曾说：“人之所以异于其他的动物，就是因为人是一种社会的动物。”对于婴幼儿来说，家庭是人际交往的开端，为个体从自然人转变为社会人提供了良好的环境。父母积极为婴幼儿创设社交的环境，让他们融入其中与他人进行互动，使他们逐渐形成基本的社会认知、社会情感和社交技能，从而学会理解他人、关心他人。换言之，婴幼儿家庭社会教育的主要任务是营造开放的家庭氛围，教给婴幼儿人际交往的方法，让他们初步领会在社会中“做人”与“做事”的要义。除此之外，家长应当以身作则，在言行、人际交往等各方面给婴幼儿树立一个良好的榜样。

由于婴幼儿对事物的是非辨别能力较弱，家长在给予婴幼儿感知事物的基本概念的同时，需要在一旁帮助婴幼儿建立规则意识。例如，当婴幼儿玩完玩具时，应该提醒其把玩具放回原处，及时整理自己的玩具箱。

（三）回应性照护的注意事项

1. 了解婴幼儿的自身特点，建立良好的早期亲子关系

亲子关系是指婴幼儿与其主要抚养人（主要是父母）之间的交往关系。它是婴幼儿生活中最基本，也是最主要的社会关系。良好的亲子关系可给婴幼儿带来心理的安全感，支持婴幼儿不断探索、学习，使其在情感、社交和认知方面良好发展，茁壮成长。无条件地重视和接纳婴幼儿，无论其有怎样的气质、性格或行为表现，都要在意他、关心他。父母在婴幼儿面前既坦诚又讲道理，并且总是鼓励婴幼儿，肯花时间根据不同的环境做出回应，通过在与婴幼儿玩耍、交流和赞赏过程中建立良好的亲子关系。

2. 用心陪伴婴幼儿，敏感观察其需求

婴幼儿会通过动作、面部表情、声音或手势发出信号表达自己的生理、心理需求，照护者要在平时照料婴幼儿的过程中，用心观察并敏感了解婴幼儿发出的信号，并能正确解读其行为线索、解释其需求。例如，父母需要去观察婴幼儿眼睛看着哪里，手指着哪里，脸部表情，其他肢体动作以及嘴里说了什么。通过不断观察积累经验，父母可以明白婴幼儿的兴趣或需求所在。

3. 及时恰当地回应婴幼儿，并给予肯定和鼓励

父母在能够敏感地读懂婴幼儿需求的基础上，对婴幼儿的需求及时做出恰当的回应。恰当回应不仅具有及时性还应具有合理性，即养育者的反馈应符合婴幼儿年龄、心理发展特点和环境需求，不能一味只是满足。并且要根据婴幼儿的需求调整自己的行动，适应婴幼儿。当婴幼儿给予回应时，照护者可以通过微笑、动作、语言给予婴幼儿肯定和鼓励。

4. 积极与婴幼儿互动与沟通

互动与沟通是人与人、人与环境交互作用过程。日常的生活环境是婴幼儿与照护者产生沟通和互动的最主要场所，当婴幼儿与父母共同关注一件物品、参与一件事情时，沟通和互动就自然发生了。照护者的沟通行为被婴幼儿理解时，他们可以继续发出信号，并予以回应，维持互动。婴幼儿良好的互动和沟通可以帮助父母更好地进行回应性照护，形成良好的亲子关系，也帮助婴幼儿将来建立良好的人际关系。

三、家庭教育的方法

（一）榜样示范法

榜样示范法指家长通过自己的行为举止，为婴幼儿树立好的榜样，以模范行为影响婴

幼儿。社会心理学家班杜拉通过波波玩偶实验得出，婴幼儿是通过观察进行学习的。榜样示范法强调家长的行为示范，因为这往往比口头教导更直观有效，更易于婴幼儿接受。在运用榜样示范法的时候，家长首先要注意自身塑造的行为的目的性是否明确，是否能让婴幼儿关注并进行有兴趣的学习和模仿。另外，要注意家长示范的时候是否能帮助婴幼儿模仿正确，也就是示范是否到位，例如指导婴幼儿练习新学习的内容，建立完整的动作概念，需要家长做一次完整的动作示范，有时候也需要动作示范与讲解相结合，家长一边做动作，一边进行讲解。

（二）环境熏陶法

美国心理学家詹巴斗曾经做过一个实验，将两辆一模一样的轿车分别放在环境很好的社区和环境比较脏乱的社区。停在脏乱社区的那辆车，车牌被摘掉，顶棚被打开。结果车很快被偷走了，而另一辆车几天后仍然完好无损。后来将环境很好的社区的那辆车的天窗玻璃打破，几个小时后，那辆车也被偷了。在此实验基础上，美国政治学家威尔逊和犯罪学家凯林提出了有名的“破窗理论”：如果有人打坏了一栋建筑物上的一块玻璃，又没有及时修好，别人就可能受到某些暗示性的纵容，去打碎更多的玻璃，久而久之，这些窗户就给人造成一种无序的感觉，在这种氛围中，犯罪就会滋生、蔓延。“破窗理论”给家庭教育的启示是，环境具有强烈的暗示性和诱导性。

在家庭中，家长要注意创设良好的环境。所谓环境熏陶是指在家庭中，家长有意识地创设优美和谐的环境，使婴幼儿置身其中能够受到良好的影响。这种教育方法主要是为了培养婴幼儿良好的生活习惯，使婴幼儿形成高尚的道德情操。因此，在家庭环境中，家长应注重物质环境的建设和精神环境的建设，用好的物质和精神环境熏陶婴幼儿的心灵。

1. 布置舒适的生活环境

家庭生活环境的布局、装饰，应多从婴幼儿的角度考虑，为婴幼儿布置专门的活动空间。有的家庭装修得富丽堂皇，却限制了婴幼儿的探索空间。在布置家庭空间的时候，应该给婴幼儿留有一定的活动空间，可以像托育园那样，布置玩具角、自然角等，在玩具角摆放各式各样的玩具，在自然角摆放鱼种繁多的鱼缸和各种各样的植物，从而使婴幼儿受到美的陶冶。这样，婴幼儿在美术活动中，才可能把鱼画得形态各异、活灵活现；在“过家家”时，才可能把娃娃家布置得井然有序、别出心裁。因为家里舒适的布置、装饰，会使婴幼儿自然而然地受到美与秩序的熏陶。

2. 营造和谐的心理环境

家庭对于家庭成员而言，不仅是一个生活场所和文化实体，还是情感的归宿。每个家庭成员在情感上都会对家庭产生不同程度的依赖，而这种依赖很有可能是终身的。因此，心理环境的营造对每个家庭成员来说都非常重要。心理环境具体包括家长的生活态度、文化修养、道德情操、兴趣爱好和生活习惯等，这些无形的环境影响着婴幼儿的思想品质、性格情感等。

（三）亲子游戏法

亲子游戏是家庭内以亲子感情为基础，围绕家长与婴幼儿开展游戏的活动方式。亲子游戏是亲子之间交往的重要形式，通过这种形式可以增强亲子互动，增进亲子感情。亲子游戏法借助游戏的方式，充分调动婴幼儿的主动性和创造性，增进亲子之间的默契，以达到锻炼身体和发展动作的目的。

适宜的亲子游戏不仅可以增进亲子之间的情感，同时还能带动婴幼儿在其他领域能力的提升，更好地促进婴幼儿的身心发展。例如，在运动领域，家长可以和婴幼儿跟着儿歌一起模仿小动物的走路方式，既有趣味性，又能锻炼婴幼儿的身体协调能力；在认知领域，家长可以带着婴幼儿一起用彩泥搓搓揉揉，让婴幼儿猜猜是什么图形，帮助婴幼儿获得对基本形状的感知能力；在语言领域，家长带着婴幼儿一起看看绘本，通过有趣的角色扮演，帮助婴幼儿提升对语言的理解和表达能力。

（四）动作训练法

动作训练法是指在日常生活中，家长根据婴幼儿动作发展的实际情况，指导婴幼儿通过反复练习掌握某个动作的方法。动作训练法是家长帮助婴幼儿发展基础的活动能力和习得基本动作，并增强身体素质的基本方法。家长应根据婴幼儿动作发展的阶段性特点，通过分解练习、重复练习等方式帮助婴幼儿掌握动作要领。此外，家长应利用外界环境有目的地及时帮助婴幼儿巩固动作要领并反复练习。例如在婴幼儿过生日时，家长可以带着婴幼儿学习切蛋糕，通过拿塑料刀进行反复切的动作练习，让婴幼儿在亲身实践中掌握切蛋糕的动作要领。

四、家庭教育的意义

我国历来有重视家庭教育的传统，并有许多相关的论述。《礼记·大学》中提到“身修而后家齐，家齐而后国治，国治而后天下平”，从中可以看出平天下、治国均以齐家为前提，家庭教育作为齐家的途径，为社会安定、国家昌盛铺平道路。

（一）家庭教育具有奠基性

《墨子》中说道：“染于苍则苍，染于黄则黄。”0～3 岁是人生熏陶变化的开始，人的许多基本能力都是在这个年龄阶段形成的。奥地利人本主义心理学先驱阿尔弗雷德·阿德勒认为，人出生后的头几年对于成年后人格的形成非常重要，这个时期的家庭教育对于人未来的发展方向起到了至关重要的作用。由于婴幼儿时期身体、智力、情感和个性等各方面都刚萌芽，对父母的依赖最大，受到父母家庭教育的影响也更为突出。父母的言行会潜移默化地传递给子女，影响子女的身心发展；父母不同的教养态度、教养方式和教养能力都会对子女身心各方面的发展产生深远的影响。

（二）家庭教育具有浸透性

婴幼儿出生后前 3 年的绝大部分时间都生活在家庭中，与家长交往互动的时间最多，时时刻刻都受到家人的影响，都在接受家庭教育。婴幼儿的家长是他们的第一任教师，也可称为启蒙教师。对婴幼儿实施的家庭教育是在有意和无意、有计划和无计划、自觉和不自觉之中进行的，家长通过自身的言行随时教育和影响着婴幼儿。这种影响不仅表现在家长与婴幼儿一起进行早期阅读，教婴幼儿了解生活常识等显性教育上，还包括家长的举止谈吐、道德品行、价值期望等隐性教育。另外，婴幼儿的模仿力最强，更喜欢也更容易模仿家长，这就使得家庭教育的浸润影响更突出。

（三）家庭教育具有感染性

家庭教育一般建立在亲子血缘关系的基础上，这是家庭教育明显而又重要的特点。父母与孩子之间亲缘关系的天然性和密切性，使得父母的喜怒哀乐对孩子有强烈的感染作用。在家长高兴时，孩子也会欢乐；在家长表现出烦躁不安和闷闷不乐时，孩子的情绪也容易受影响。孩子对父母的言行举止往往能心领神会，以情通情。在处理身边的人与事的关系和问题时，孩子很容易受到家长所持态度的影响。

五、家庭养育指导的原则

家庭养育指导是指相关机构和人员为提高家长教育子女的能力而提供的专业性支持服务和引导。家庭养育指导工作应坚持以下基本原则：

（一）思想性原则

遵循党的教育方针，以促进幼儿全面健康成长为目标，以立德树人为根本任务，通过实施科学的家庭教育指导，推进家庭教育在培养德智体美劳全面发展的社会主义建设者和接班人中发挥重要作用。

（二）科学性原则

遵循家庭教育规律，为家长提供科学化、专业化、规范化的指导服务，家庭教育指导机构和指导者应具备相应的专业资质和能力。

（三）婴幼儿为本原则

尊重婴幼儿身心发展规律和个体差异，创设适合婴幼儿成长的必要条件，保护婴幼儿各项权利，促进婴幼儿自然、全面、充分、个性发展。

（四）家长主体原则

确立为家长服务、提供支持的观念，尊重家长意愿，坚持需求导向，调动家长参与的积极性；引导家长注重提升自身素质，注重家庭建设和良好家风传承，促进亲子互动共同提高。

第二节　社区科学养育支持

社区是由居住在一定地域范围内的人们所结成的社会生活共同体。在我国城市，社区的构成以“街道”或“居民委员会”为基础。在农村，一般以乡或村为依托。社区中的人们受共同的社会政治、经济和文化的影响。

一、与社区合作的意义

（一）有利于共同营造促进婴幼儿全面发展的良好教育环境

婴幼儿养护具有地方性、地域性特点，是各种环境要素综合作用的结果，其中最为重要和密切的是其直接生长的环境，即家庭、托育园和社区。

托育园积极整合社区资源可以改变“关门办园”的封闭格局，改善办园条件，可以扩展教育活动的内容，丰富婴幼儿的学习经验，提高教育质量。教育资源不仅包括正规的教育机构、教育者，还包括在教育过程中占有、使用和消耗的所有人力、物力与财力资源。对于婴幼儿来说，“生活即教育”“社会即教育”，对婴幼儿的教育无处不在，家庭、社区的物质设施、文化氛围、交往方式、生活习俗等都可以成为教育资源。《国务院办公厅关于促进3岁以下婴幼儿照护服务发展的指导意见》明确提出，“发挥城乡社区公共服务设施的婴幼儿照护服务功能，加强社区婴幼儿照护服务设施与社区服务中心（站）及社区卫生、文化、体育等设施的功能衔接，发挥综合效益。支持和引导社会力量依托社区提供婴幼儿照护服务。发挥网格化服务管理作用，大力推动资源、服务、管理下沉到社区，使基层各类机构、组织在服务保障婴幼儿照护等群众需求上有更大作为。”

（二）有利于推动社区教育的发展

社区教育是由社区组织与管理的教育工作，包括正规和非正规的教育活动，它以社区的全体成员为教育对象，主要涉及社区内婴幼儿及其家长和看护人，把社区内影响婴幼儿生存与发展的社会、家庭环境和教育因素联系起来，综合考虑发展教育的资源、途径、形式与效果等方面，把社区内各种组织机构联系在一起。

在世界各国重视社区教育改革和发展的趋势下，我国的社区教育也在一些城市中悄然兴起，发展到现在已成为发展终身教育和建设学习型社会的重要一环。它的产生和发展是时代的要求，在满足社会需求、促进婴幼儿发展、指导家长，乃至推动教育事业和社会发展方面都起到了重要的作用。

托育园作为社区中的教育机构，可以通过社区工作，发挥教育机构的辐射作用，将正确的教育理念传播到社区中，帮助社区整合资源，解决当前存在的问题，提供多样化、个性化的教育服务等，推动社区教育的发展。

（三）有利于弘扬和践行社会主义核心价值观

改革开放以来，我国不断探索社会主义意识形态建设，提出积极培育和践行社会主义核心价值观。托育园社区工作对繁荣社区文化，营造安居乐业、互帮互助、积极向上的社会风尚，弘扬、践行社会主义核心价值观有积极的促进作用。

二、托育园对社区资源的利用

《关于推进儿童友好城市建设的指导意见》中提出，应当“开展儿童友好社区建设。建设社区儿童之家等公共空间，为儿童提供文体活动和阅读娱乐场所。增加社区儿童‘微空间’，鼓励社区打造儿童‘游戏角落’，提供适龄儿童步行路径和探索空间，合理增设室内外安全游戏活动设施”。

（一）利用社区的地域环境优化托育园教育

社区的地域环境主要指的是社区的地理环境、资源环境和人工环境等。托育园在利用地理环境的时候，要考虑社区的地理位置、地形地势和气候特征等因素。在沿海地区，教师可选择不同时间，带领幼儿去观看海浪的变化，在海边玩沙戏水；在丘陵地区，教师可利用当地的小山丘，开展各种体育游戏活动，如组织幼儿进行奔跑、爬山比赛；在四季分明的地区，教师可随着季节的更替，适时带领幼儿到社区中去走一走、看一看，指导幼儿用自己的眼睛发现季节对人的行为有什么影响等。

托育园在利用资源环境的时候，应考虑社区的水资源、土地和矿物等因素。如果附近有水厂，教师可组织幼儿去参观，使幼儿认识到水的来源、净化、输送、饮用的全过程及污水处理问题等，体会到水的来之不易，萌发节约用水的意识。

（二）利用社区的人口环境优化托育园教育

让社区人员成为教育者，发挥社区的教育补充作用，丰富托育机构的教育形式，充分利用社区的优势。例如，在“爱家乡的教育”中，可以请亲历了几代变化的老人给幼儿讲新旧城市发展变化的故事；在“爱自己的生命教育”中请社区中的老驾驶员给幼儿讲解交通规则；在“关爱残疾人的活动”中，请残疾人给幼儿讲他们的生活等。

（三）利用社区的文化环境优化托育园教育

托育园在利用社区文化环境的教育功能时，要注意协调好以下几种文化之间的关系：

（1）处理好物质文化与精神文化之间的关系。托育园不仅要增加幼儿对餐馆、超市等的认识，而且要促进幼儿对书店、图书馆、博物馆、剧院、美术馆、科技馆、少年宫等的理解。

（2）处理好传统文化与现代文化之间的关系。例如，当社区里的腰鼓队、太极拳队、龙舟队在进行表演时，教师可带领幼儿前去观赏；当社区里组织居民进行插花、弹钢琴、跳交谊舞、计算机打字、英语小品比赛时，教师也可带领幼儿观看比赛、当“小小评委”，给现场表现最好的选手投票。

（3）处理好东方文化与西方文化之间的关系。为了促进幼儿对不同文化的认识、理解、尊重、包容和接纳，教师既可以带领幼儿对比参观面条店、汤包店、水饺店、川菜馆、粤菜馆、肯德基店和麦当劳店，鼓励幼儿说说中餐店和西餐店的异同点，也可以带领幼儿观看二胡、古筝、钢琴、小提琴等演奏会，激发对音乐的喜爱之情。

托育园应全面整合、充分利用社区的不同资源，以提高办园质量，促进教师、社区人士、家长和幼儿的共同发展。

第三节　家社园三方共育

家社园三方共育即家庭、社区、托育园共同完成对婴幼儿的早期教育和保育，这是现代社会对婴幼儿早期发展提出的要求，也是实现婴幼儿早期发展目标的重要保证。其总任务是从家长资源、社区资源、托育园资源三方面着手，构建三位一体的新型教育模式，实现家社园相互配合、同步教育，提升家庭科学育儿的水平与能力，促进婴幼儿的健康成长与发展。具体来说，社区和托育园通过各种途径、运用不同形式、整合各方力量，帮助家长掌握科学育儿的理论和方法，协助家长解决育儿过程中遇到的各类问题，为婴幼儿拓展家庭以外健康成长的活动空间，使得家庭、社区、托育园的各种早期教育资源得到充分利用，有效促进婴幼儿早期发展良性机制的形成。

一、家社园共育的含义

家社园共育的核心是强调三方的合作、配合，这里的“育”包含两方面的内容，即保育和教育，共育的内容既包括婴幼儿身体健康成长的内容，又包括有关婴幼儿早期学习与发展的内容。

家庭、社区和托育园之间是平等的合作伙伴关系，既有彼此之间双向的相互影响、相互作用，即相互教育，又有在教育过程中所得到的自我教育；既有一对一的双向教育，如教师对家长、社区对教师、社区对家长、家长对婴幼儿，又有二对一或三对一的多向教育，如教师与家长一起对婴幼儿，教师、家长和社区对婴幼儿等。这种多层次、多维度的多向互动形成教育合力，指导婴幼儿的早期发展。

家庭、社区和托育园合作共育是家长、社区服务人员、教师和婴幼儿各自人际合作共育系统中的一种特殊而又重要的形式。称其特殊，是因为家长、社区服务人员和教师各自独立，他们之间的合作共育是以婴幼儿为纽带进行的，没有婴幼儿的存在，三者之间的角色就无从体现，也谈不上合作共育。称其重要，是因为从婴幼儿发展的角度来说，家长、社区服务人员和教师在婴幼儿的整个成长历程中，都非常重要，缺一不可。家庭、社区、托育园共育不仅仅指早期教育本身，还包括对家庭、社区和托育园进行组织工作，开展家庭、社区、托育园活动，创造具有建设性的共育方法。三者紧密联系，资源共享，可以形成巨大的早期教育合力。

二、家社园共育的内容

（一）提高社会共同参与家庭育儿的意识

家庭、社区和托育园都是婴幼儿早期教育不可缺少的外部环境，家长、社区工作人员和教师都应当成为研究和完善婴幼儿早期发展和早期教育的实施者、合作者，三方不仅要在教育内容和管理方法上相互沟通、相互配合，更应该在教育理念上达成一致，从而实现真正意义上的“合作”，达到“共育”的目标。为此，社会各方要真正理解合作共育的意义，提高对合作共育的认识，建立新型的家庭、社区、托育园合作关系，真正实现“教育社会化”和“教育社区化”。

（二）有效挖掘利用家社园育儿资源

第一，家庭资源。家长本身就是婴幼儿早期发展的重要教育力量和资源，他们不仅是早期教育活动的参与者，还是活动的组织者和实施者。以家社园共育为平台，可以为家长之间提供分享交流育儿经验、组织集体育儿活动的机会，有效挖掘出父母、祖父母的教育潜能。

第二，社区资源，包括自然资源、人文资源、生活设施资源和人力资源等。调查显示，用于家庭科学育儿支持的常见社区资源包括：公园、银行、图书馆、医院、超市等社会生活场所，提供育儿场地及设施设备的社区活动中心，提供家庭育儿支持的社区工作人员及志愿者们。

第三，托育园的教师教育资源。托育园是专业的机构，教师是专业的教育者，社区可以通过邀请托育园教师进社区开展育儿咨询、组织亲子活动、开展入户指导等形式，整合托育园专业的教育资源以支持家庭科学育儿。教师通过与婴幼儿互动的示范，通过亲子互动中的问题讨论，向家长宣传正确的教养观念，传递科学的教养技能，从而实现早期教养指导的目标。

（三）整合发动社会各方力量参与共育

家社园共育需要整合社会各方力量，形成合力，共同参与。从参与人员的角度来看，由社区牵头，通过发动各种形式的组织、志愿者队伍和个人，认真做好家庭育儿的助手，给予家庭具体的育儿支持。具体包括：

1. 社区基层服务人员

这类人员主要来自居委会、卫健、教育、妇联等，工作的主要职责和要求是基于社区开展家庭服务与指导，具备基本的科学育儿指导的基础。

2. 社区早期教育专业工作者

这类人员是来自幼儿园或早教中心的专业教师，或是来自社区卫生服务中心的保健医生、营养员，具备更加专业、系统的理论知识和实践经验，可以从早期教育、营养保健、婴幼儿体格发育等各方面，给予家长专业性的育儿指导。

3. 社区其他志愿者

以邻里为背景的社区志愿者队伍，通过提供场所、经验分享交流、组织亲子活动等形式，从不同角度给予家庭育儿支持。例如，志愿者可以是社区相关机构的从业人员（银行工作人员、警察和消防员等），具有舞蹈、插花、折纸等各类特长技能的社区居民，已经上小学初中、非常愿意带着弟弟妹妹们一起玩耍的孩子们等。

家社园共育是一项科学的系统性工程。社区不仅可以搭建沟通邻里的志愿者平台、发挥自身的桥梁作用，又可以建立专门的托育机构，即专门的社区托育点，协调整合各方力量，有效推动合作共育的开展。与此同时，社区要充分发挥托育服务的政策引导作用、资金人力的支持作用，构建组织架构和管理体系，更好地达到家社园共育目的。

（四）开发拓展多样化的共育服务形式

由于家社园共育的实施主体是多层面的，教育资源是丰富的，因此开展共育工作的形式是多样化的。具体来说，托育园拥有专业的教师和系统的早期教育理念方法，可以充分利用园本教育资源的优势，针对不同类型、不同层次、不同角色的家庭养育者进行科学育儿指导，逐步成为社区专业的早期教育基地。作为合作共育的专业力量，托育园一般通过开展亲子指导活动、开展家长讲座与家长咨询、开发社区教育活动等方式实施共育。

社区拥有工作人员、固定场地、行政职能、社会资源等优势，主要搭建合作共育的大平台，通过宣传教育、提供场所、组织科学育儿活动等形式，面向婴幼儿及其家庭提供综合性的公共服务。需要特别提出的是，由于每个家庭的情况不同、需求不同，社区在提供家庭育儿支持的过程中，应当优先关注特殊家庭，关爱具有育儿困难的弱势群体，使得社区早期发展服务能够为每个婴幼儿提供平等的学习与发展机会，并满足家庭个性化的服务需求。

本章小结

本章主要介绍了婴幼儿家庭教育的基本定义，家庭教育的内容、方法，以及家庭科学养育指导的原则，强调家庭教育的重要性。家庭是婴幼儿生命的摇篮，是人出生后接受教育的第一个“课堂”。同时家长也是婴幼儿的第一任教师，对婴幼儿实施的教育具有早期性。因此，托育机构应当充分发挥家长的主观能动性，根据婴幼儿各年龄阶段的发展特点，为婴幼儿提供健康教育、生活技能教育、认知教育、语言教育、社会教育。同时，本章也介绍了社区与托育园合作的重要性和家社园合作共育的基本定义与内容。家社园合作共育有利于构建开放式的教育环境，有利于婴幼儿早期发展发挥整体教育影响，更好地促进婴幼儿的健康成长。

同步练习

一、选择题

1. 对家庭教育而言，占据主要地位的是（　　）。

A. 家长对子女的教育　　B. 子女对父母的影响

C. 家庭成员之间的教育　　D. 祖辈对孙辈的影响

2. 家庭教育的目的是（　　）。

A. 培养社会化的人　　B. 促进孩子的学习

C. 增进父母与子女的沟通　　D. 促进孩子的创造性发展

3. 在家庭教育指导过程中，指导者与家长是一种（　　）关系。

A. 主客体　　B. 师生　　C. 供求　　D. 平等

二、判断题

1. 放任不管是对婴幼儿主体地位的尊重。（　　）

2. 家庭是婴幼儿主要的生活环境，家庭教育对婴幼儿尤为重要。（　　）

3. 家庭教育指导的主要对象为幼儿教师。（　　）

三、简答题

1. 家庭科学养育的原则有哪些？

2. 托育机构为什么要做好家长工作？

3. 家社园共育工作的内容有哪些？

四、思考题

星期一，A老师埋怨说："孩子在家过了一个双休日，再回到幼儿园后，许多良好的行为习惯就退步了，不认真吃饭，乱扔东西，活动时喜欢说话，真不知孩子在家时家长是怎么教育的！"站在一旁的B老师颇有同感地说："是啊，如果家长都能按我们的要求去教育孩子，我们的工作就好做多了！"A老师接着说："可这些家长不按我们的要求去做倒也罢了，还经常给我们提这样那样的意见，好像我们当老师的还不如他们懂得多，真拿这些家长没有办法……"

请你运用幼儿园与家庭相互配合的有关理论，分析和评论A、B两位老师的教育观点，并具体谈谈家园合作对幼儿发展的重要意义与目前存在的误区。

参考文献

[1] 卡罗尔·格斯特维奇. 发展适宜性实践：早期教育课程与发展 [M]. 3 版. 霍力岩，等译. 北京：教育科学出版社，2011.

[2] 田茂，王凌皓. 台湾地区托育服务的功能及启示 [J]. 现代教育科学，2017 (3).

[3] 玛丽亚·蒙台梭利. 儿童之家：蒙台梭利托育教育方法与训练指南 [M]. 天津：天津社会科学院出版社，2007.

[4] 苏·克拉克·沃瑟姆. 早期教育课程：教与学的发展性基础 [M]. 5 版. 梁慧娟，等译. 北京：北京师范大学出版社，2019.

[5] 徐秀，冯玲英，刘湘云，等. 婴幼儿抚育环境和动作发展的研究 [J]. 中国儿童保健杂志，2007 (5).

[6] 董奇，陶沙. 动作与心理发展 [M]. 北京：北京师范大学出版社，2002.

[7] 周念丽. 0～3 岁儿童心理发展 [M]. 上海：复旦大学出版社，2017.

[8] 杨玉凤. 儿童发育行为心理评定量表 [M]. 北京：人民卫生出版社，2016.

[9] 孟庆轩，陈卫兵. 呼吸系统常见病防治 [M]. 北京：中国社会出版社，2011.

[10] 何慧华. 0～3 岁婴幼儿保育与教育 [M]. 上海：上海交通大学出版社，2013.

[11] 吴晶，聂红梅. 婴幼儿肥胖症的护理及康复体会 [J]. 长春中医学院学报，2000 (4).

[12] 毕胜，王雪峰. 儿童厌食症中医证候文献分析 [J]. 中国中西医结合儿科学，2014，6 (1).

[13] 文颐，王萍. 0～3 岁婴幼儿保育与教育 [M]. 北京：科学出版社，2015.

[14] 中国营养学会. 中国居民膳食指南 [M]. 北京：人民卫生出版社，2016.

[15] 杨明. 学前儿童急症救助与突发事件应对 [M]. 上海：华东师范大学出版社，2020.

[16] 杨丽珠，董光恒. 依恋对婴幼儿情绪调节能力发展的影响及其教育启示 [J]. 学前教育研究，2006 (4).

[17] 官群. 儿童早期语言天赋：来自国际研究前沿的证据 [J]. 学前教育研究，2016 (8).

[18] 单兵斌. 浅谈幼儿园心理环境的创设 [J]. 学前教育研究，1997 (4).

[19] 杨莉君，邓双. 示范性幼儿园区域活动材料投放的有效性 [J]. 学前教育研究，2012 (5).

[20] 陈莺，盛沛君. 早教中心环境创设新视角 [J]. 学前教育（幼教版），2006 (2).

[21] 杨莉君，曹莉. 中部地区农村学前教育事业发展存在的问题及解决对策 [J]. 学前教育研究，2011 (6).

[22] 陈云. 区角材料投放的有效策略 [J]. 上海教育科研，2013 (6).